水城共生

城市更新背景下上海黄浦江两岸文化空间的变迁

丁凡 伍江 著

同济大学出版社·上海

图书在版编目（CIP）数据

水城共生：城市更新背景下上海黄浦江两岸文化空
间的变迁 / 丁凡，伍江著 . -- 上海：同济大学出版社，
2021.12

ISBN 978-7-5765-0080-6

Ⅰ . ①水… Ⅱ . ①丁… ②伍… Ⅲ . ①城市规划－研
究－上海 Ⅳ . ① TU984.251

中国版本图书馆 CIP 数据核字 (2021) 第 271692 号

水城共生
——城市更新背景下上海黄浦江两岸文化空间的变迁

丁凡 伍江 著

责任编辑 由爱华
责任校对 徐春莲
装帧设计 吴雪颖
出版发行 同济大学出版社 www.tongjipress.com.cn
         （地址：上海市四平路 1239 号 邮编：200092 电话：021-65985622）
经　销 全国各地新华书店
印　刷 常熟市华顺印刷有限公司
开　本 710mm×1000mm 1/16
印　张 13
字　数 325 000
版　次 2021 年 12 月第 1 版
印　次 2021 年 12 月第 1 次印刷
书　号 ISBN 978-7-5765-0080-6
定　价 58.00 元

序 FOREWORD

　　黄浦江是上海的母亲河。黄浦江代表着上海的城市精神,"海纳百川、追求卓越、开明睿智、大气谦和"。这种多元文化既传承了上海的海派文化传统,更具有当今新时期的特色。

　　上海黄浦江自 2002 年两岸综合开发以来发生了翻天覆地的变化,截至 2017 年年底黄浦江两岸 45 千米水岸空间实现了全部贯通,逐步实现了"还江于民"的发展愿景。习近平主席在 2019 年 11 月视察上海杨浦滨江公共空间杨树浦水厂滨江段时提出"人民城市人民建,人民城市为人民"的重要理念。上海"十四五"规划中再次提到上海的"一江一河"发展愿景,并正在开展专门针对"一江一河"公共空间管理的地方立法工作,旨在推动建设人民共建、共享、共治的世界级滨水区。

　　本书是在丁凡博士的博士学位论文基础上,经过进一步凝练、提升、完善而最后形成。这部著作是基于城市更新的背景,对黄浦江两岸空间的系统性梳理,并创新性地以文化作为抓手,挖掘了全球化以及城市更新等背景下黄浦江空间变迁特征及内涵。针对黄浦江两岸区域发展系统性脉络性的研究目前还处于空缺状态,我认为这一研究是对此领域的补充。作为丁凡博士的导师,我由衷高兴地看到她的研究成果能够公开出版。在当前"人民城市"以及上海城市"一江一河"高品质发展的主题下,黄浦江两岸将继续实现其公共性的开放。黄浦江两岸空间开发的内涵在未来将会被继续挖掘,本书的研究价值也必将会持续下去。

同济大学原常务副校长

同济大学建筑与城市规划学院教授、博导

法国建筑科学院院士

同济大学联合国环境与可持续发展学院院长

超大城市精细化治理(国际)研究院院长

上海市城市更新及其空间技术重点实验室主任

前言 PREFACE

　　城与水，是一个古老的命题。上海依水而生、因水而兴。黄浦江两岸的发展见证了城市的变迁，对上海独特地域文化的形成和演变具有重要意义。黄浦江两岸也集聚了上海典型的地域性的文化空间。

　　在全球化的背景下，城市更新过程中水岸空间的文化问题值得重点关注。2019 年 11 月 2 日，中共中央总书记、国家主席习近平对上海市杨浦区滨江公共空间杨树浦水厂滨江段进行了实地考察，提出"人民城市人民建，人民城市为人民"重要理念。上海市委书记李强 2021 年 7 月 9 日调研黄浦江沿岸地区规划建设工作时指出，黄浦江沿岸是强化城市核心功能、提升城市软实力的重要空间载体，要深入贯彻落实习近平总书记考察上海重要讲话精神，认真践行"人民城市"重要理念，加快建设具有全球影响力的世界级滨水区。

　　本书以全球视野下的城市更新为研究背景，以上海黄浦江两岸文化空间的变迁为研究的落脚点。本书主要结构框架遵循：从世界范围内的城市更新脉络研究推及上海本土的城市更新脉络，从探讨城市更新进而探讨上海的水岸发展，最后借以上海黄浦江两岸的再开发过程，建立一个从全球到本地的空间关系网络。城市水岸作为城市更新的一个典型样本，体现了城市更新阶段性的特征。上海的水岸文化也能最生动地体现上海的城市文化。

　　本书是在笔者博士论文的基础上形成的，书中的案例选取范围涉及当时已经相对成熟的四个黄浦江典型水岸案例：外滩、陆家嘴、徐汇滨江以及后世博园区水岸区域，分别代表了四种特征的水岸文化。案例的划分及选取采用城市类型学的方法，形成以历史遗产保存为特征的水岸再生——外滩，以水岸新区建设为特征的水岸再生——陆家嘴，以大型文化事件引导为特征的水岸再生——后世博园，以及以工业文化遗产集聚为特征的水岸再生——徐汇滨江的写作框架，试图覆盖黄浦江水岸发展的典型类型。书中大量的资料是笔者作为美国哥伦比亚大学访问学者时期收集的稀缺的第一手资料，具有较高的学术价值。一些水岸实例没有纳入本书的讨论范围中，如 2019 年第三届"上海城市空间艺术季"主展馆所在地杨浦滨江、2017 年"上海城市空间艺术季"展览地浦东新区民生艺术码头以及艺仓博物馆所在地等。一是由于这些案例的尺度规模与文章案例不吻合，二是这些水岸在写作时并没有得到大规模的开发，未形成典型的文化空间片区。相信如果此书再版的话，杨浦滨江会成为一个不可或缺的重要水岸实例。

　　在城市更新的大背景以及"人民城市"和"一江一河"的上海城市新时期发展的主题下，本书是对黄浦江两岸文化空间变迁历程的系统性梳理，是对于已有上海水岸研究领域的重要补充，同时也是对于未来上海水岸开发的积极展望。

目录 CONTENTS

03

06

第6章
以大型文化事件引导为特征的水岸再生   137
——上海2010年世博会水岸空间

07

08

第1章
城市更新的概念演进及发展阶段

CHAPTER

1

城市更新的概念源于西方，是西方国家为了应对城市发展中所出现的问题而提出的一系列解决方案。在现代案例中，城市更新主要开始于 19 世纪，并在 20 世纪 40 年代以城市重建的方式达到高潮。

比安基尼将城市更新形容为一个"涵盖经济、环境、社会、文化、象征和政治层面"的复合概念 [1]。这是一个旨在使用一系列工具来振兴已经衰败的城市区域的过程（例如地产、商业、零售或艺术发展），以使区域在物理、经济、社会或文化等方面得以增强。其最初主要是为了应对战后的城市衰退，特别是应对衰败的内城中不断出现的不平等、贫困、犯罪和失业问题。20 世纪 70 年代末的去工业化进程以及随后 80 年代全球经济结构重组也成为美国和西欧许多城市发展中城市更新策略的催化剂。

城市更新的相关术语也经历了将近一个世纪的演变，从第二次世界大战后开始由"城市重建"（Urban Renewal）向"城市再开发"（Urban Redevelopment）、"城市复兴"（Urban Renaissance）、"城市振兴"（Urban Revitalization）到如今的"城市更新"（Urban Regeneration）进行转变，由于每个阶段城市更新的侧重点不同，因此在本书中不同的阶段城市更新的命名也有差异，而厘清"城市更新"定义在每个阶段的侧重点，有助于对于当今社会的城市更新的命题做出理解和判断。

1.1 城市更新的发展阶段

1.1.1 城市更新的阶段性特征

城市更新经历了将近一个世纪的历程，城市更新政策在每个阶段也发生了显著的变化。城市更新的历程可以划分为四个时间段，不同阶段城市更新体现出不同的更新特点：第二次世界大战后至 20 世纪 60 年代为推土机式的重建，20 世纪 60—70 年代是国家福利主义色彩的社区更新，20 世纪 80—90 年代是地产导向的旧城开发，20 世纪 90 年代以后以物质环境、经济和社会多维度的社区复兴为特点[2]。还有学者将城市更新阶段划分为：20 世纪 70 年代，"硬件"的城市更新——广泛进行物质干预；20 世纪 80 年代，"软件"的城市更新——努力保持该地区原有人口；20 世纪 90 年代，"整合的城市更新"——物质、经济和社会干预的结合[3]。本书的撰写逻辑以前者为基础进行阶段划分。

1. 第二次世界大战后至 20 世纪 60 年代：推土机式的重建

第二次世界大战结束后，由于受到战争破坏，人们的住房条件十分恶劣，政府开始重视提升居民的住房水平。这个时期城市更新的文献记载普遍集中在"贫民窟的清理以及住房的改善方面"。

第二次世界大战后，在未受战火波及的美国，高速路的兴建以及汽车的普及导致了城市郊区化发展及城市人口的外迁，使得城市中心逐渐衰败，低收入者的增加和集聚为内城带来了高失业率和高犯罪率。因此，20 世纪 50 年代美国的城市更新也是注重居住环境物质性的改变，在罗伯特·摩西的倡导下，开始一系列的贫民窟清理的计划（图 1-1）。同时纽约曼哈顿华盛顿广场的"西南区计划"（图 1-2）、圣保罗的"城市中心重建"以及旧金山的"金门计划"等一系列城市的改造，也都是以大规模的拆迁与清除为手段[4]。

欧洲的贫民窟清理计划源于伦敦 1875 年的公共健康计划（Public Health Act, 1875）与奥斯曼对巴黎的改造。20 世纪 60 年代欧洲的城市更新，在国际现代建筑协会（CIAM）的倡导下，依然是以"形体规划"为特征，以推土机式的重建为手段，对内城的贫民窟进行清除。在 1958 年荷兰海牙首届城市更新国际研讨会上，提出了再开发的三项原则：拆毁和重建、对于原有结构的改善和修复，以及保存和保护历史遗迹（并强调一般不包括住宅）[5]。在 1974 年奥地利城市更新法案中，也可以看到对当时城市重建的理解：通过拆迁和新建而改变建筑存量，或是对单体建筑物的置换，或清除部分建成区，并以建筑和土地使用分配计划为基础重建这些区域[6]。50 年代，中国香港寮屋的清除和公屋的建设，解决了战后低收入人口的居住问题，也成为政府建立公共租赁住房的先驱。

然而这种迅速的大规模、大拆大建模式的城市更新摧毁了有特色、有活力和有当地历史文化的建筑物、城市空间及其赖以存在的城市文化和资源，受到了学者和社会居民越加强烈的反对。

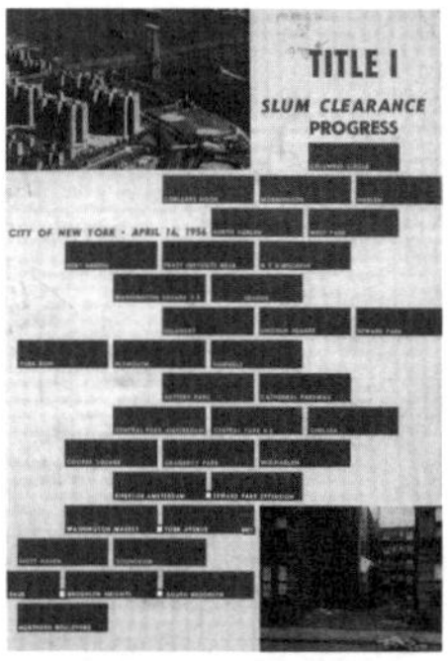

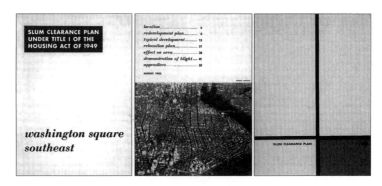

图 1-1 1956 年的 35 个贫
民窟清理项目

图 1-2 1953 年出台的华盛顿广场西南区贫民窟清理计划

图 1-1、图 1-2 资料来源：Ballon H. Robert Moses and urban renewal: the title 1 program//H. Ballon , Jackson K T.
Robert Moses and the modern city : the transformation of New York. New York: W. W. Norton & Co., 2007.

这些计划只能使建筑师、政客、地产商们热血沸腾，而平民阶层常常成为牺牲者[7]。在 1961 年的"城市重建论坛"上约瑟夫·克拉克（Joseph S. Clark）谈及美国城市的未来：这种物质性的重建，将居住区贫民窟、"破旧街道"以及工业衰退区，置换为体面的住房、服务便利的设施以及现代化的办公大楼。然而他也开始意识到城市重建超越了物质环境的重建。从更广泛的层面来看，它包含了教育、市民艺术、政治生活，以及多方的整体提升[8]。

此外，第二次世界大战后一些国家城市更新计划的推动者也在发生变化。政府当局现在被视为促进者，或是启动力。主要的商业发展不再直接由政府部门执行，而是由私营部门接替，但在具体实施的过程中，公共部门和私有部门一直保持紧密的联系。

2. 20 世纪 60—70 年代：公共住房的建设及邻里复兴

战后的城市重建，虽然使得物质空间得到了改善，但受到了学者日益加剧的批评和居民的强烈反对。简·雅各布斯、C. 亚历山大对大规模改造都提出批评，认为其造成了社会不公平和经济的难题。20 世纪 60 年代，城市更新的倾向发生了转移，从清理贫民窟的大拆大建转向建立公共住房体系。这个时期的城市更新发生在社区范围内，一个"城市更新的项目"指的是根据计划更新一个街区所需的举措和活动[9]。此外，这个阶段的城市更新带有明显的福利主义特点[10]。公有的社会住宅体系成为一项重要的城市治理手段，以提高城市居住环境，并为工人阶级提供了良好且价格实惠的住宅。

荷兰是欧洲第一个建立社会公共住房体系的国家。早在 1901 年，荷兰议会就通过了《住房法》[1]，规定每个公民都拥有获得住房的权利，且社会有责任满足人们这一权利。1974 年开始，

1 《住房法》（Housing Act）不仅建立了国家层面关于公有出租的社会住宅的法律框架，同时还为现代城市规划奠定了基石。从那个时期开始，超过 1 万人口的城市在做出任何扩建时都必须起草"扩展规划"（Expansion Plans），以保证所有的施工许可都是基于"扩展规划"而授予的。这项扩展规划的具体实施获得了土地法和建筑规范的支持。

图 1-3 克夫霍克社会住宅和商业区总体鸟瞰
资料来源：van Dijk H. Twentieth-century Architecture.
Netherlands: 010 Publishers,1999.

图 1-4 哈勒姆住宅区
资料来源：Authority U S H. Harlem River houses: U.S.
Government Printing Office，1937.

鹿特丹当局开始"为社区建造"的计划，意在为旧城区的原住民修缮和升级这片旧城区。[2] 基于荷兰在这方面的成功举措，欧洲许多其他国家也建立了相应的公有社会住宅体系，在欧洲各个国家，公共住房很快成为城市发展的最大驱动力，其结果就是越来越多设计精良的住宅区被开发，更多现代的公共设施被建设，19 世纪脏乱拥挤的城市面貌因此焕然一新。现代建筑运动的领军人物，如布鲁诺·陶特（Bruno Taut）、阿道夫·卢斯（Adolf Loos）、J.J.P. 奥德（J.J.P.Oud）等得以一展宏图，实现他们"为工人阶层设计"的住房理念（图 1-3）[11]。

在美国，1934 年成立的纽约市房屋委员会（New York City Housing Authority，NYCHA），开始为中低收入的家庭提供公共住房。1958 年，NYCHA 早期的建成项目有哈勒姆住宅区等（图 1-4），然而当时的缺陷是缺少零售商业等配套设施 [12]。从 20 世纪 70 年代开始以"邻里复兴"的小规模分阶段的谨慎改造概念逐渐取代了大规模剧烈改造概念。1965 年 11 月 9 日成立了住房与都市发展署（Housing and Urban Development Department，HUD），以对城市的综合治理为首要工作。由其出台的《模范城市计划》为示范街区的发展制定合适的计划 [3]，最终目标是在整体上提高居民的生活质量。HUD 在美国历史建筑与社区的更新中扮演了相当重要的角色。1974 年 HUD 两个重要的立法带来了历史保护方面的重要变革：首先是社区发展基金（CDBG），终止了功能主义指导的大规模城市改造计划，不拆除老住区、保留原住民，成为社区发展基金计划的指导思想，防止"推倒一切"的城市建造方式对市区建成环境的巨大破坏。联邦政府通过CDBG 赋予地方政府更大的支配权，向社区的更新和改造拨款，用于社区重建和老城区的环境改善；其次是都市发展行动基金（UDAG），针对经济萧条的城市，刺激商业和工业发展，复兴破落的老住区。

---

2 这个时期的城市更新主要解决单纯的住宅问题，而几乎未能关注其他城市功能、经济发展及对旧城区内的（小）企业的影响。针对这一现象，鹿特丹以及其他荷兰城市在 20 世纪 80 年代后期重新修正了城市更新政策，将其转变为一种更为平衡的方法，对不同城市功能给予关注，同时让更多不同的相关利益群体参与决策过程。
3 包括：扩充住房，增加工作、收入机会，减少对福利的依赖，提高教育设施质量，增加教育项目，与疾病和不健康作斗争，减少犯罪和青少年犯罪，提供文化和娱乐的机会，建立良好的通勤等。

其他国家，如加拿大和法国的社区综合开发模式都紧随着美国发展[13]。1973 年加拿大邻里促进计划（The Neighbourhood Improvement Program），完成了 322 个市镇、479 个街区，为社会和社区提供资金，改善城市公共结构，并使公众参与的角色正规化[14]。此外，1981 年法国邻里社会发展计划，旨在建立一个有广泛基础的合作关系、居民积极参与以及整合的改善策略[15]。1960 年代新加坡成立组屋发展局（Housing Development Board，HDB）来全面负责公共住房建设、管理和开发政府组屋，由此开始了大规模建造组屋的阶段。组屋建设与城市规划紧密结合，是新加坡住宅建设的重要组成部分。

这个时期，城市更新的重点转向社区环境的综合整治、社区经济的复兴以及居民参与下的社区邻里自建。"邻里复兴"的实质是强调社区内部自发的"自愿式更新"，既给衰败的邻里输入新鲜的血液，又可避免原有居民被迫外迁造成的冲突，同时还可强化社区结构的有机性。

3. 20 世纪 80—90 年代：全球后工业化及经济衰退

受 20 世纪 70 年代开始的全球范围内经济下滑和 80 年代全球经济调整影响[16]，以制造业为主导的城市衰落，导致城市中心聚集着大量失业工人，中产阶级纷纷搬出内城，造成了内城的持续衰落。进入 80 年代，西方城市更新政策转变为以市场为主导，即以地产开发为主导的旧城开发模式。这个时期，国家的角色开始发生转变，政府和私人部门深入合作是这个时期城市更新的显著特点，政府出台政策鼓励私人投资标志性建筑及娱乐设施来促使中产阶级回归内城，并刺激旧城经济增长。

北美兴起于 20 世纪 60 年代并在 90 年代达到顶峰的水岸振兴工程，也是全球城市更新的一个标志性特征，伴随着全球去工业化进程和全球经济结构的调整，大量港口设施被废弃，功能由生产型转为生活型。消费型滨水区域的复兴为滨水用地规划了新的用途，并注重将滨水与市中心区域相统一，例如，美国波士顿的昆西市场（1961 年）、美国纽约曼哈顿南街港（1967 年）、美国纽约的巴特雷公园城（1979 年）、美国巴尔的摩内港（1964 年）的振兴。

水岸的成功再开发与城市开发公司的出现有着密切的联系。1980 年成立英国的伦敦码头区城市开发公司（London Docklands Development Corporation，LDDC），作为以资产为导向的城市更新的典型机构，其使命是推动房屋和土地的有效使用，批准现存及新的工业有序发展，创造具有吸引力的城市环境，保证社会和住房设施的供应，以此鼓励人们在此区域共同工作和生活。城市开发公司被授予决定权和充足的年度预算，以保证特定区域内的建筑及土地的空间再生产[17]。类似的机构还有 1987 年中国香港的土地发展公司。

伴随着城市工业化功能的衰退，城市中的大片工业区再利用问题也得到了重视。例如，美国西雅图煤气厂公园（1963 年）、德国杜伊斯堡钢铁厂公园（1998 年）、德国鲁尔区 IBA 埃姆歇公园（1980 年）建设。在振兴工业用地的同时，也越来越重视城市的文化形象和内涵。1970 年美国纽约苏荷区使衰败的工业区转变为世界知名的艺术中心[18]。

同时，城市文化也逐渐得到了公众的关注。1985 年成立的欧洲文化城市计划（European Cities of Culture ECOC 1985—1999）[4] 旨在结合城市更新，推动欧洲城市文化发展，促进文化旅游的重要文化项目。文化城市计划的成功举办使得很多的欧洲城市得到复兴，例如英国城市格拉斯哥、荷兰城市鹿特丹、爱尔兰首府都柏林等都通过举办类似活动促进了城市的更新发展，成功地从衰败的工业城市转变为吸引旅游者前往的文化城市。

4. 20 世纪 90 年代以后：社区综合复兴

20 世纪 90 年代后城市更新注重人居环境的社区综合复兴。随着可持续发展观和人本主义思想被广泛接受，公共、私人、社区三方的合作伙伴关系开始加强。相比于政府和私人部门主导的"自上而下"的更新，"自下而上"的更新机制逐渐被认为更具包容性。政府将多方伙伴关系中的社区能力构建和鼓励公众参与作为更新政策的新方向。在这一过程中，随着与可持续发展观相适应的多维更新目标的提出，公众开始意识到城市物质、社会和经济环境的改变需要社区中各部门的共同参与。

同时，这个时期开始了对"可持续"更新的探索。这个"弹性术语"是三种感知维度的结合。在时间上，它意味着城市更新不是一种快速的机械修复，而是一个长期的有机更新过程。在空间上，它将重点从基于本地和局部区域的行动扩展至整个城市和地区。在实质上，它使城市物质和经济福利相连，联系社会、社区和机构三者的发展 [19]。

1991 年设立的英国城市挑战计划是对政府资金的竞争，并首次提出了城市更新的综合性手段。城市挑战计划汇集了各种资金资助，以综合方式资助物质、社会和经济行动。这些工作在公共、私人和志愿 / 社区部门之间进行合作，每个伙伴关系都对一个 5 年的资助项目进行投标，这些计划具有明确的目标和量身定制的工作计划。1998 年英国成立区域发展机构 [5]，该区域发展机构承担着广泛的发展英格兰特殊区域经济繁荣的责任。同年，欧盟发布城市可持续发展提案框架，体现了促进城市间大区域合作的决心。

20 世纪 90 年代后以文化策略引导的城市更新逐渐涌现，文化事件、文化活动、文化旗舰项目逐渐成为城市更新的催化剂。很多城市利用文化因素获得了再次重塑城市形象以及振兴城市经济的机会。例如 1997 年毕尔巴鄂凭借古根海姆博物馆的建设博得了世界的关注，使城市摆脱了落后的困境，并创造了城市更新的"毕尔巴鄂"模式；西班牙巴塞罗那则依靠 1992 年的奥运会和 2004 年的世界文化论坛重塑了城市的海岸线 [20]。德国汉堡港口新城更是依靠文化和城市竞赛转型成为一个融合居住、商业、休闲、旅游和服务的港口新城。

同时，对人的权益和历史建筑的保护也得到更多关注。汉堡港仓库城中完成了一系列历史建

---

4 2000 年改为"欧洲文化首都"（Culture Capital of Europe）。
5 1999 年英国成立了八个区域发展机构（RDAs），它们的成立是根据 1998 年的区域发展机构法案而来。伴随着大伦敦政府的建立，在 2000 年 7 月启动了第九届区域发展机构和伦敦发展署。区域发展机构于 2010 年 6 月被废除，即公共机构草案的八个区域和地方化草案的伦敦发展署。这些组织于 2012 年 4 月终止运营。

筑保护和改造的工作，成为当地重要的历史文化遗产。2002 年柏林施普雷河滨河区域的复兴，当地社团提出"所有人的施普雷河"口号，最终达成了建筑需退后水岸 50 米以提供更多的公共空间的结果。美国纽约高线公园由一条铁路线打造成为空中的市民花园，城市的记忆得到重新保存。

1.1.2 城市更新发展规律

综上所述，第二次世界大战后西方国家的城市更新以物质性规划理论为基础，并以解决居住为主要目标。进入后工业时期，全球性经济衰退，经济结构转型，去工业化和郊区化导致西方国家出现了内城衰败、就业困难等社会问题，城市更新的主要目标转为内城的振兴。进入 20 世纪 90 年代，城市更新朝着更加多元化的方向改变，成为目标多样化、保护历史文化和注重公众参与的社会改良和经济复兴（表 1-1）。

从城市更新的发展阶段纵向来看，城市更新从解决住房问题等物质空间的改善向经济、社会、文化、生态等综合维度发展，到 20 世纪之后更加关注城市更新中的文化效应。横向来看，中国城市更新的阶段特点也紧随西方国家，例如在 1992 年巴塞罗那利用奥运会、塞维利亚利用世界博览会等大型世界博览类文化项目，完成了城市更新的一系列举措，而上海因 2010 年世博会有类似的城市更新举措，这与每个国家和地区的特征相关。此外，上海的城市更新也有自身的独特性，这将在后文中细述。

1.2 城市更新的概念演进

1.2.1 城市更新的定义辨析

1. 城市重建

城市更新术语中城市重建（Urban Renewal）大量出现在第一次世界大战之后，本书根据其历史背景意义将其定义为城市重建。1959 年的《城市重建手册》中对城市重建有比较具体的定义，即为了世界范围内的新生活而进行的重建，小到楼梯的修复和一扇门的粉刷，大到修改一个地区的土地利用方式和规划分区，都属于城市重建 [21]。

整体而言，荷兰倾向于使用"城市重建"的表述，甚至在 2004 年的文献中，还可以看到其踪影。1960 年的荷兰，城市重建的主要内容是关于住房的改善，而当时具体还是局限于物质环境的改善方面，范围指代依然是倾向于社区和街区范围的更新。1985 年荷兰《城市和村庄重建法案》（Urban and Village Renewal Act）将城市重建的概念宽泛地定义为："在规划和建设以及生活的社会、经济、文化和环境标准等领域中进行的系统努力，以此来保存、修复、改善、重建，

表 1-1 城市更新发展的阶段及特征

城市更新的发展阶段	更新内容	更新机制	更新特征	更新侧重点
第二次世界大战后至20世纪60年代初	居住空间的改善，尤其是贫民窟的清理	各级政府主导	推土式的大拆大建	注重城市物质空间的改善
20世纪60—70年代	以福利性住房为主的带有国家福利主义色彩的社区建设	政府和私人部门的合作逐渐加强	社区范围内的更新	城市社会福利制度的健全
20世纪80—90年代	地产导向的旧城开发	私人部门和市场的占主要地位，政府出于协调地位	城市企业主义的力量增强	经济的发展作为城市发展的引擎
20世纪90年代至今	社会、经济、文化、生态等综合维度的更新，以文化因素占据主导	多方多维度合作关系的形成，更加注重全球化的影响以及区域间的合作	小规模渐进式、针灸式地有机更新	城市历史文化的保护及城市市民的公共利益

或是清除市区范围内的建成区。"[6] 随着时代的改变，虽然城市重建的用语依然在被使用，但是其内涵却发生了改变。新时期的城市更新不仅要体现在物质方面，更应该被视为一个结合了社会、经济、物质和安全议程的综合事项[22]。

然而随着时间的推移，城市重建术语中隐含的局限性也越来越明显，早在 20 世纪 60 年代的美国，就有针对"贫民窟的清理以及大拆大建"举措的反思。城市重建常常跟推土机式的清除（Bulldozer Clearance）联系起来，因此这个词也带有一定历史因素的负面色彩。肯尼迪总统于 1961 年的讲话中，就提出现今的城市更新计划太过局限，以至于不能有效应对旧城所面临的基本问题。我们必须不仅仅关心恶劣的住房问题，还必须重塑我们的城市，使之成为蔓延的大都市区域中有效的神经中枢。城市更新必须从根本上重新调整，从清除贫民窟和贫民区防治转变为国民经济和社会更新的积极促进方案[23]。

2. 城市再开发

城市再开发（Urban Redevelopment）更加强调"城市更新"的主体角色的特征，认为城市更新是一种自上而下的政府开发行为，并常常与土地的再次开发利用有关。而术语本身则具有强烈的地域性倾向，几乎现有的文献都显示出，城市再开发的说法出现在 20 世纪四五十年代的美国。在 50 年代的美国，越来越多的学者认为，城市的危机在于城市内城的过时和废弃，而再开发的基本原则就在于提供一种可行的解决方案，对于这些废弃的内城核心区域，进行陈旧的物质结构方面的去除和更新[24]。

关于城市再开发的提议，得到了规划人员和私人利益代表者的广泛赞同[25]，在某些情况下，它意味着对于整个城市的重新规划、在地方政府的监控管理之下私人再开发公司运作资金的获取，以及对于不符合标准的衰败区域进行修复、清除以及重建。在当时的美国，城市再开发计划得到广泛的认可，这意味着城市的发展已经无法通过市场自身正常运转。无论在资本主义经济中城市发展过程的本质是什么，它在很大程度上取决于私营企业对经济刺激的反应。因此，无论是由于私营企业反应机制的崩溃，或者更可能因为缺乏足够的经济刺激，政府引导的城市再开发都是必要的。从这个意义上说，城市再开发指的是对那些能够诱导正常城市发展状况进行恢复的举动。

同时城市再开发对于工业再开发的巨大潜力也给予关注，提出实现工业再开发的四种途径[26]：第一，以城市或大都市区域范围为基础对城市土地利用进行全局思考；第二，有选择性地购买土地；第三，对工业使用率最高的区域进行规划；第四，对某些特定区域实施明确的保护以实现长期的投资。以此为基础，城市生命力得以继续延续，并且通过拓展更加积极有效的社会和经济关系，对于市民的生活发挥了积极的作用。

3. 城市复兴

城市复兴（Urban Renaissance）被学者称为"当代城市政策的一个典型特征"，其折射出的内容可以不必太具体但是可以很广泛[27]。这是一个令人产生联想的词，它折射出城市的价值观，这可能是因为它暗示了伟大的欧洲文艺复兴，强调了发生的变化不只是一个物质的过程，也是社会、思想、道德以及文化的变化过程。

"城市复兴"通常被用来指受人欢迎的城市的再现，作为一般社会福祉、创造力、活力和财富的中心，它包含了社会、文化、经济、环境和政治可持续发展的目标[28]。此外，人们还认为"城市复兴"有两个新自由主义决定性的特征：首先，它构建了城市"衰落中"的地区，并且这样做的目标是"复兴"那些有最弱势群体的社区。其次，它创造了旨在重构和振兴城市空间的政策，在这些城市空间里，土地价值的上涨成为衡量成功与否的主要标准。

1998年，英国新工党政府副首相建立了一个城市专门委员会，负责计划一项基于"卓越设计、强力经济、环境责任，良好的政府管理和社会福祉间协同行动和联合原则"的城市复兴运动。城市复兴标志着城市政策理念和实践的重大转变，通过紧凑化、多中心化、社会性混合、良好的设计与连接以及环境可持续性，营造出有关城镇的可持续再生的愿景。城市复兴将改良现有的城市肌理与在废弃棕地入侵乡村前加以利用等迫切需要提上议程。

4. 城市振兴

城市振兴（Urban Revitalization）代表了城市化进程的一般概念。作为一项针对城市某块建成区制定的政策，在某些意义上它与城市重建（Urban Renewal）的经典概念截然相反。举例来说，相比于城市重建强调对于破败的城市环境进行彻底拆除，城市振兴的主要目标是为预先选定的有前景的经济部门和家庭加强城市区位环境，并精确地集中在城市的建成区范围内，其住宅建设的政策旨在扩大对于高收入群体住房偏好的住房供应[29]。

城市管理主义这一主题包含于城市振兴，强调塑造了再投资量级和定位的社会制度的广泛性。城市管理主义者对城市振兴的阐释聚焦在机构的连锁网络上，从社会、政治和经济方面，这个连锁网络为消费者刺激拉动城市复兴创造了良好的条件[30]。此外，在滨水区的振兴中也大量出现了关于"振兴"（Revitalization）的表述，这可能与词语本身具有的区域性定位的特征是相符的。振兴更加强调城市管理者的作用，以政府和私人部门深入合作为特征，也更多地折射出了城市更新中不同的利益团体之间的力量博弈。

5. 城市更新

城市更新（Urban Regeneration）针对的是既有建成环境管理和规划的一个方面，而不是新的城市化的规划和开发。在某种程度上，城市更新是针对城市衰退（Degeneration）而言的，它表达的是一种对衰落和退化应对的状态。

城市更新定义的基础是运用全面而完整的远见和行动解决城市问题，并且寻求实现一个面临改变的地区在经济、物质、社会和环境条件等方面持久的改善[31]。城市更新的定义涉及：对已经丧失了的经济活动进行重新开发、对已经出现障碍的社会功能进行恢复、对出现社会隔离的地方促进社会融合，以及对已经受损的环境质量和生态平衡进行复原[32]。此外，"合作关系、空间导向、整合、竞争、赋权和可持续发展"也变得日益重要[33]。

到了 2010 年左右，城市更新的用语越来越广泛，尽管城市重建作为起初快速解决城市问题的方法，从 20 世纪 80 年代以来，对于城市更新的定义却逐渐向更新的内涵倾斜，企图通过一种更加持续的方式，来解决一系列的问题并建立持久的解决方案[34]。事实上，城市更新就是一种解决城市问题的手段。无论从物质层面[6]还是从城市策略层面，城市更新是将不利条件转换为有利条件。

"城市更新"这一术语往往对不同的人意味着不同的改变和结果，对于有些人是"更新"，但是对于另外的人而言则是"衰退"[35]。"城市"的定义被赋予了新的生命，而事实上，即使几乎不被那些制定或实施政策的人所承认，对"更新"的理解按照所追求的倡议也有所不同。例如，当地的社区或邻近的街区得到了更新和重建；物质环境和商业基础设施得到了更新使得城市用地再次变得经济高效；成为地方市场营销（甚至是品牌营销）的驱动力，使得城市形象得以改变（包括自我形象认知和外部的感知）[36]。

同时，城市更新具有广泛的职责范围：它包括一整套设法刺激参与和繁荣的方案，以实现当地人民的雄心和愿望。它扭转了下降趋势，防止出现失策，解决问题，同时保持并进一步发展真正可

---

6 公共卫生的改善，主要是污水处理和供应、公共领域的改进（街景、照明、景观等）、废弃建筑物的拆迁和建筑用地或土地资产的供应，以及现有建筑物的整修翻新；全新的城市道路交通和基础设施的建设、公共机构的建设，例如学校、医院等；最低标准住房设施的提供；现代化的城市设计；对战争时期损毁的重建；废弃工业和海滨区的更新；社会融合；城市可持续发展的目标、原则和技术。

持续的、安全的集合社区。它给一个地区经济、社会、物质环境和文化生活带来了持续的改善[37]。

1.2.2 定义的演进及内涵的变迁

从第二次世界大战后开始的城市更新术语变化中，可以一窥城市更新内涵的转向。

一般来说，20世纪50年代的"城市重建"往往意味着采用物质手段，而90年代的"城市更新"的内涵则更加全面。然而，城市更新的术语是复杂的，有时候术语会出现时间和区域上的重叠。例如，荷兰在相当一段时间内沿用了"城市重建"的术语，但在内涵上不断对其进行修正。而在20世纪80年代，英国的城市更新术语也意味着物质干预[38]。

随后，在美国"城市重建"这一术语逐步被"城市再开发"取代。"再开发"被用来表示大量的土地清理以及再利用，它更强调更新主体的作用，也折射出市场失灵情况下政府应对城市发展的一系列举措。而就核心内容而言，城市更新和再开发都是以振兴市中心的经济、保留和拓展税收来源、吸引更多中高收入家庭为目标，以物质环境改造为途径的城市发展方式。

"城市振兴"则更加针对城市某个区域的转型，例如全球著名的水岸振兴现象，大量使用的就是"振兴"这个词。这个术语更加体现出多方利益团体的合作。而"城市复兴"则折射出人们对于城市全面复苏的美好愿景，它具有一定的乌托邦色彩。

"城市更新"可以被定义为在一个地区扭转经济、社会和物质衰退的完整过程[39]。"城市更新"是北美和西欧城市应对衰落的一种对策，在那里城市活力受到经济结构调整、传统工业城市衰落和社会隔离的影响[40]。完整的城市部分主要是从定性的角度，通过加强全球活动的逻辑来进行重组或重新开发以增强城市中心[41]。一些推动城市再生的基本事实可以被逐条列出：第一，在衰落的工业部门中第三产业和知识型的活动的兴起；第二，城市需要重新塑造其空间和身份，这将导致历史性区域的物理升级和新的标志性项目的创建；第三，房地产价值的增加，这主要通过重塑城市区域，吸引富有创造力的专业人员和服务业工人，以及将原有的社区底层阶层赶至城市边缘地区，由此产生士绅化[42]。相比较于城市再开发，城市更新的主体更加多样化，它是针对政府主导下的市场本身无法满足所需的转型的情况（表1-2）。

此外，还有一些衍生的词，如重塑（Remodeling）、修复（Rehabilitation）以及现代化（Modernization）、新陈代谢（Metabolism）、升级（Upgrading）、保护（Conservation）等。"重塑""现代化"以及"修复"常常被混用，然而它们各自的定义却是明确而具体的，并不包含在任何其他两个概念中。"修复"是指将事物恢复到好的状态而不改变其平面、形式或者风格；"重塑"是指通过改变其平面、形式或者风格来修正其功能和经济缺陷；而"现代化"指将结构和设备陈旧过时的方面替换为现代化的风格[43]。"升级"是指在需要的地方进行结构改善和公共设施的修复。"保护"是指对需要轻微改善的区域进行照料[44]。这些概念各有侧重点，但并无泾渭分明的区别。

表 1-2 城市更新术语的演进

城市更新的术语	时间阶段	语义侧重点	术语的主体
城市重建 （Urban Renewal）	普遍存在于战后，在某些 国家开始于19世纪末期	推土机式的大拆大建， 带有一定的贬义色彩	政府机构为主导， 到后期也逐渐演化为多方合作
城市再开发 （Urban Redevelopment）	集中在20世纪50年代的美国	带有主体色彩的术语， 一般指政府与私人机构联合	政府及私人开发商
城市振兴 （Urban Revitalization）	20世纪七八十年代	赋予新生， 常常指一定的区域	城市开发公司集团， 也有社会团体的介入
城市复兴 （Urban Renaissance）	20世纪八九十年代	重生，带有乌托邦色彩 的城市理想	政府、私人开发商、 社会团体、公众等
城市更新 （Urban Regeneration）	20世纪90年代之后	主要是针对城市衰退现象 而言的城市再生	政府、私人开发商、社会团体、 学者、公众等多方的协作

1.3 城市更新在当今的现实意义

我国的城市更新开始于 20 世纪 70 年代末经济改革初期，是历史、经济和体制力量多重交织、相互作用的结果。在第一个五年计划中已经明确指出了：要把旧城改建工作看作是长期的过程，是逐步的零星个别改建工作的积累；要防止单位从市容美观着眼，拉直或拓宽街道，大量拆迁房屋[45]。21 世纪之前，城市更新的任务是：整治和改善旧城区道路和市政设施系统，使旧城区适应现代化城市交通和各项现代城市基础设施的需要[46]。随着我国的大规模建设和快速城市化阶段的基本结束，城市发展主要也将转向城市更新发展和建筑文化遗产保护等方面。在城市中建造城市，而不是拆除旧区或者使居民迁徙至郊区。在全球化趋势和 21 世纪强调地方性发展的背景下，中国城市更新面临的一个迫切问题是如何调整与重组先前计划经济体制下形成的城市空间，以适应新趋势与新发展的需求[47]。

纵观上海，城市更新经历了几个鲜明的发展阶段：20 世纪 80 年代以旧改为主，大量拆除存在历史弊端的旧房；20 世纪 90 年代是地产导向的再开发，注重历史建筑的保护；21 世纪对于旧工业用地的再开发与文化意识的觉醒；以及当今社会对于社会政治、经济、生态等多维度的发展。

随着 20 世纪 90 年代大规模的旧城改造项目的结束，上海已经基本解决了历史遗留的居住生活问题，大拆大建的旧城改造已经成为历史。新的经济形态逐渐代替以规模扩张为增长点的旧有城市经济模式，使上海开始由外延扩张进入内涵式发展。在大都市区层次上，城市增长和城市更新过程也似乎将现代技术和多元化活动（包括所有不可或缺的文化和知识型产业结构，例如2010年上海世博会）应用于城市化。2014年的上海"亚洲城市论坛"也提出了关于亚洲城市更新本质的构想：城市更新是城市发展的战略选择，是一种制度建构的过程，也是城市发展的综合过程，以及优化城市空间资源配置、实现土地价值、促进资本循环的有效途径。同时，《上海市城市总体规划（2017-2035年）》也明确提出了上海未来城市发展模式的转型，一个重要的原则就是从增量发展到存量甚至减量发展、从大规模的推旧建新到城市环境和品质的提升。未来，上海的城市更新内涵向着以下四点进行转变。

1.3.1 从旧城改造到有机更新

从开发内容上来看，城市更新在北京曾被称作危改（危房改造重建），而在上海称为棚户清理（棚户区的清理整治）[48]。而早在20世纪90年代上海的城市更新就已经摆脱了以旧城改造为目标的大拆大建，而向着城市有机更新的方向转变。它将城市认同为一个生命体，城市的生命在于不断更新并迸发活力。[7] 它会在自身的发展过程逐渐完成自身的新陈代谢的过程，而不接受任何外界的强制性干预。城市有机更新是涉及长期性、复杂性、多方的利益互相博弈的过程。

同时，城市更新计划需要植根于一个对城市内部和周围人口发展的长期设想。城市更新的行为在满足当前需求的同时，也必须面向未来。通过设计和创新，应该为地区探索可行且有意义的未来发展模式。长期的利益相关者，也就是对这个地区有着长期兴趣的人，应该全部参与城市更新决策的制定，并在不同的方案中做出决定。这一抉择将是引导一个成功的城市更新方案的公共决策的基础所在。

1.3.2 从大规模重建到城市针灸

更新是持续不断的，从开发规模上来看，应是小规模、渐进式的，而不应是大规模、断裂式的。同时城市应该采取"针灸"[8] 式手法，逐渐对城市的弊病进行修缮。在上海的城市更新理念中，倡导城市"双修"——功能修补与生态修复，通过"修补型再开发"，在城镇新区中对于近人尺度的空间进行必要的功能性、便利性补缺，对大量工业区、开发区进行"二次城镇化"改造，使之成为具有完全城镇功能特别是城镇服务功能的真正的城镇市区。同时，上海采取城市"微更新"的模式，提高一切建设行为的精致度，在城镇规划建设工作中加强精细化规划、精细化设计、精细化建设和精细化管理。探索适应这种精细化管理的法律和制度。加强旨在提升城市公共空间品

---

7 伍江教授在"2017中国城市交通规划年会"上针对上海城市更新发展作"城市有机更新"主题报告，并指出告别过去成片旧城改造模式，提倡小规模、常态化的"城市更新"的宗旨是要走向更具人性、更可持续、更具文化魅力、更具活力的城市。
8 城市针灸（Urban Acupuncture）也是美国哥伦比亚大学建筑学教授肯尼斯·弗兰普顿（Kenneth Frampton）所赞同的未来城市更新的方向。

质的规划建设管理，特别是针对无建设行为或少建设行为情况下的城市精细化管理[49]。

1.3.3 从单一维度到综合维度

《城市更新手册》（*Urban Regeneration: A Handbook*）一书中提道："……城市更新的初始定义的基础是全面而完整的远见和行动以解决城市问题，并且寻求实现一个面临改变的地区在经济、物质、社会和环境条件等方面持久的改善。"[50] 城市更新已经超越了传统物质规划的领域，它需要我们更深的思考和更谨慎的行动[51]。

从开发维度上来看，应该从单一维度（例如经济）的更新向多维度（经济、社会、文化、生态等）更新方向转变。在参与机制上，城市更新的成功有赖于建立一个真正有效的城市更新管治模式，即要有一个包容、开放的决策体系，一个多方参与、凝聚共识的决策过程，一个协调、合作的实施机制，是多方利益参与、协商调和的制度；建立更多公众参与的渠道，更多的自下而上与上下结合，而非单一主体（例如政府或者开发商）的主导。

在当今的上海，我们看到了开放的城市决策的过程以及有趣的对公共参与机制的探索。在未来，这种模式将会更加优化，城市更新能够真正将公共价值与利益纳入考量。

1.3.4 从地产层面到文化层面

从开发导向上来看，以地产和商业开发为主的城市更新将逐渐被以文化为导向的城市更新模式取代。城市更新更加关注城市的文化层面。上海城市改造的方向已从"拆、改、留"变为"留、改、拆"，进一步加大城市历史文化风貌的保护力度，特别是石库门建筑、工业文化遗产的保护和成片历史文化风貌的保护。在世界范围内，20 世纪 80 年代中期文化导向的更新方法已经成为主流[52]。正如英国学者帕迪森（Paddison）和迈尔斯（Miles）所指出的，很多人认识到"文化，不仅仅是城市联系社会公正和经济增长能力的挑战，而且是减轻问题的基础。文化可以作为经济增长的推进剂，逐渐成为城市寻求竞争地位的新正统观念"[53]。

新一轮上海市城市总体规划提出城市发展的目标愿景为"2035 年基本建成卓越的全球城市"，并在城市性质中明确提出上海要建设国际文化大都市。这是上海首次将文化发展作为核心战略，体现了对于新时期上海城市发展动力与方向的判断[54]。在未来，文化将在城市经济发展与全球竞争力、促进社区融合以及提高城市形象方面起到愈加重要的作用。

1.4 小结

通过对于全球范围内城市更新历程的研究，可以得出西方现代城市更新的大致趋势。第二次世界大战后，城市更新重点由大规模拆迁转向社区邻里环境的综合整治和社区邻里活力的恢复与振兴，城市更新规划由单纯的物质环境改善转向社会、经济和物质环境相结合的综合性更新。同时，城市更新的操作也从剧烈的推土机式的推倒重建转向小规模、分阶段和适时的谨慎渐进式改造，强调城市是一个连续不断的更新过程。由于中国的城市化进程落后于西方发达国家，对于西方国家城市更新发展脉络的演进研究能够为当今上海的城市更新，从范围、规模、性质、价值等方面提供一个有力的参考框架，具有较强的指导意义。

城市更新是城市永恒的主题。城市更新不仅仅是旧建筑、旧设施的翻新，不仅仅是一种城市建设的技术手段，不仅仅是一种房地产开发为导向的经济行为，它还具有深刻的社会和人文内涵[55]。当今的上海城市更新正朝着小规模、针灸式、多维度的有机更新方向发展，以注重城市的历史文化遗产的保留与保护为特色。在未来，城市更新将更加注重城市的文化、价值与城市中多数居民的公共利益。

第2章

上海城市更新演变
及新时期的文化转向

CHAPTER 2

2.1 上海城市更新发展背景

城市更新是城市发展永恒的主题，是一种地理空间的不断颠覆与重新建构的过程。城市更新发生在城市发展的各个时期，并且在每个时期都有自身的独特性。城市更新不仅仅意味着城市物质空间的再生，还涉及城市空间资源的再分配。在中国的城市发展语境下，这种空间资源的分配过程涉及城市更新的行为主体——政府、市场以及社会三方的互动关系。城市更新亦是政府、市场（企业家、开发商）、社会（消费者、居民）等行为主体构成的相互博弈的结果。同时城市更新行为主体及关系也从本质上反映了城市资源的所有形式、调动方式和分配原则。本书研究涉及机制理论，它的价值在于关注政府和非政府利益团体结合并且发展治理能力的方式。对此方式的早期经典运用是斯通对于亚特兰大的研究[56]，同时机制的视角非常适合于理解城市管治的问题。20 世纪 70 年代以来，在资本主义日益非物质化的背景下，城市更新已经成为新自由化、后现代化和全球化进程中一个强大的口号[57]。

在改革开放后的二十多年间，上海城市更新经历了几个重要阶段的转变。随着 21 世纪城市正式进入减量发展时期，城市更新也进入新一轮的发展阶段。在政策方面，2015 年 5 月《上海市城市更新实施办法》的正式实施，标志着上海正式进入以存量开发为主的内涵增长时代。在上海建设规划用地规模"零增长"甚至"负增长"的前提下，城市更新将成为上海城市可持续发展的主要方式。同时，上海 2035 也明确提出了城市发展模式的转型，"推动城市更新、转向存量规划"成为未来上海城市发展的重要方面。

本书的研究对象限定于 1978—2018 年的上海，鉴于 1949 年至 1978 年改革开放之前的城市更新机制较为简单、内容较为单一、参与利益主体相对较少、城市更新的特征并不突出，因此不纳入本书讨论的范围。本书将改革开放 40 多年以来上海城市更新的发展历程划分成以下 4 个特征鲜明的时期：改革开放初期 20 世纪 80 年代以改善居住条件为目标的城市更新、90 年代高速发展并以经济增长为目标的城市更新、21 世纪发展进程放缓并开始注重城市历史文化遗产保存的城市更新，以及 2010 年至今正式进入存量增长期的城市更新。

本书通过梳理城市更新的发展历程，尤其是以各个阶段的策略、机制以及城市空间的变化为切入点，深入了解上海城市更新的阶段性特征以及发展模式的总体性及规律性演变，归纳得出新时期内城市更新更加关注城市的文化内涵的特征，并对这种城市更新的文化转向进行了进一步的解释。

2.2 上海城市更新发展历程

2.2.1 第一阶段：20 世纪 80 年代以改善居住条件为目标的城市更新

20 世纪 80 年代改革开放初期，上海的城市更新以改善市民的居住水平为主要目标。在计划经济体制下，城市更新资金以政府筹措为主，并以旧改为主要内容，大量拆除了有历史弊端的住房。例如，成片改造（原）闸北、（原）南市、普陀、杨浦等房屋破旧、城市基础设施简陋、环境污染严重的地区，改造简屋、棚户和危房，逐步改善居民生活居住条件等[58]。从 20 世纪 80 年代开始重点实施了部分商业改造，涉及人民广场、外滩地区、漕溪路—徐家汇商城地区、天目西路—不夜城地区、豫园商城地区、四平路南段地区和虹临花园、上海体育中心、淮海中路东段等地区；并以豫园商城、淮海路、南京东路更新改造为代表，典型特征为"局部改造、商业价值提高、局部空间利益最大化"。与此同时，上海的经济建设仍然以推动工业发展为重心，作为全国的工业枢纽，上海工业的功能仍占据主导地位。当时城市改造以改善居住条件和整治城市环境为主，中心区的工业用地尚未开始大规模置换[59]。

2.2.2 第二阶段：20 世纪 90 年代以经济增长为目标的城市更新

从 20 世纪 90 年代开始，上海开始经历了史无前例、快速和大规模的开发[60]。在当时，两个关键政策为全国快速城市化提供了巨大动力。第一条政策调整了中央和地方的税收分配，改变了中央政府从生产计划分配到大规模（宏观经济）规划的作用，并将建设资金分配给地方政府。这为地方政府提供了更加财政自主的决策权，为城市基础设施发展和城市管理运行创造了条件。第二大政策是 20 世纪 90 年代开始实施的土地租赁和房屋改革，将以前的社会主义福利住房体系转变为房地产市场模式，促成了城市的高速发展。20 世纪 80 年代，上海房地产难题几乎完全依赖政府拨款，到 90 年代已经被房地产市场的快速发展所取代。房地产开发的巨大力量席卷全市，同时也解决了老城区重建的问题[61]。

随着改革开放之后市场经济的逐步运行，这一阶段的城市更新更多呈现出政府主导、开发商配合的公私合作特质，企业型城市初见雏形。最早且最鲜明的公私合作机制体现在浦东开发的过程中[62]。在旧区改造层面，随着 1996 年（原）卢湾区"365 危棚简屋"[1]改造工作接近尾声，城市中心区的更新已从最初"沿街改造""街坊改造"发展至"成片街区改造"，城市更新的方向也逐渐转向为以原住民利益为集中体现的成片旧式里弄住宅区维护与修缮[58]，并且开始关注城市的历史文化价值的保存。

中心区旧式里弄的改造和更新以新天地、田子坊、思南公馆等项目为代表，体现了三种不同

---

1 大规模的旧区改造开始于 90 年代初以拆除 365 万平方米危棚简屋为起点，到 2008 年年底，共计拆掉旧房 1 亿平方米。

图 2-1 新天地、思南公馆、田子坊更新改造
图片来源：第一届上海城市空间艺术季

的旧区更新改造方式（图 2-1）。新天地商业街的改造更新提供了市场化条件下外资投入、政府和企业合作进行城市更新的新模式，同时也是地产导向的城市更新的典型案例[63]。新天地商业街项目属于"太平桥改造工程"项目的一部分，通过容积率转移的更新政策，促进了整个太平桥区的发展[64]；思南公馆的改造工程采取了成片区的"拆、改、留"政策，并通过协议置换来搬迁居民，整个过程完成了产权的置换，土地性质由居住改为商业办公，是典型"居改非"类保护型改造模式；田子坊的置换更新发生在 90 年代中后期，被认为是持续式的、有机的渐进式开发模式的典型。更新过程增加了原住民的参与，形成了自下而上的渐进式更新路径，使得更新的机制更加具有弹性和包容性。然而 21 世纪初田子坊中开始出现社会融合问题，并一直持续至今。起初的矛盾集中在本地居民与外来游客对空间占有的冲突，后来演化成为居民与商家、居民与游客、居住空间与陈旧的基础设施之间的矛盾。

国外的一些学术论著，将上海 20 世纪 90 年代以来的城市更新定义为市场化的新自由主义和士绅化的路径，这既是上海城市得以迅速崛起的原因，也是其因缺少社会人文性而被诟病的依据。虽然城市更新过程中开始关注城市的历史文化价值，然而并没有对其进行深入的挖掘和保护。例如：新天地的模式是地产导向城市更新的典型案例，然而却被认为是激进的，虽然其符合当时城市发展的经济诉求，但其背后的文化内涵却是缺失的。罗根（Logan）也曾指出，上海历史遗产保存和经济环境变化之间的关系——上海的城市遗产保护的战役摇摆在城市的主流经济环境之中[65]。当经济发展兴盛时，文化遗产保存的压力就会大大增加，尽管存在着遗产法规和管控，许多遗产地区都会丧失；而当经济发展区域平缓之时，保存的政策相对而言就会实施得更加顺利。

2.2.3 第三阶段：2000—2010 年以历史文化遗产保存为重点的城市更新

20 世纪 90 年代以来，随着大规模的城市开发建设，特别是旧区改造的快速推进，历史城区的原有格局迅速被解构和重组[66]，历史文化风貌和历史性城市景观受到极大的冲击。为了避免在 21 世纪的城市更新中，再次出现大规模破坏历史文化风貌的现象，21 世纪城市更新的重点内容确定了对上海历史文化风貌区及风貌道路的保护规划制定与管理控制。

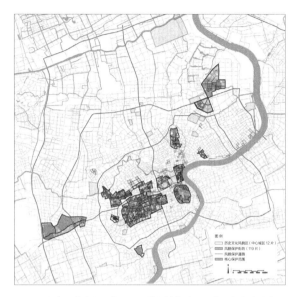

图 2-2 上海历史文化风貌区、风貌保护街坊、风貌保护道路分布图
图片来源：伍江，王林．历史文化风貌区保护规划编制与管理．上海：
同济大学出版社，2007.

上海市城市规划管理局于 2003 年确立了外滩、老城厢、人民广场、衡山路—复兴路、南京西路、愚园路、新华路、山阴路、提篮桥、江湾、龙华、虹桥路共 12 片上海市历史文化风貌保护区（图 2-2），并通过为已经确定的保护性要素提供法律保障。2004 年市政府批准的"衡复风貌区规划"被证明是科学有效地管理了在建成区内的城市更新与保护规划的重要典范。2005 年又确定了郊区及浦东新区 32 个历史文化风貌区。截至 2005 年年底，共确定中心城 144 条风貌保护街道，其中 64 条道路进行原汁原味整体保护[67]；并在 2005 年第四次[2]确定了 663 处共 2154 幢、总面积约 400 万平方米的建筑为"优秀历史建筑"[68]。

随着城市生产性功能的减弱以及去工业化过程的开始，工业用地逐渐废弃并亟待转型，工业用地的再利用也成为新时期城市更新的重点内容，工业逐渐被现代服务业和创意产业所取代。例如，莫干山路 M50 艺术园区、1933 老场坊的改造、苏州河仓库 SOHO 区改造、8 号桥创意办公区、上钢十厂改造[3]、上海啤酒厂的改造等。同时以工业遗产集中的黄浦江滨江地区改造为代表，2002 年启动的浦江两岸综合开发战略以及 2010 年上海世博会的召开都使得大量的产业建筑及其历史地段得到再利用开发，浦江老工业地区整体功能得到转型。

2004 年市政府及时公布了工业建筑文化修复规划。从 2005 年开始，上海的创意产业和老厂房保护进入了一个新的阶段，被称为公共文化功能引入与政府倡导阶段[69]。在政策层面，工业

---

2 其他三次分别在 1989 年、1994 年、1999 年。
3 上钢十厂内的冷轧带钢厂建于 1958 年，结构高大、空间开阔。2005 年，通过保留厂房，改建为上海城市雕塑艺术中心，展示面积约 2 万平方米，成为集雕塑展示交流、创作孵化、作品储备、艺术教育多功能于一体的综合文化中心，为老厂房保护性改造、建设公共服务设施提供了有益探索。

遗产的文化性改造得到了支持。在随后的 4 年时间里，约 80 个破旧的工业基地被改建为文化基础设施[70]。在全球化的推动下，上海开始将文化视为刺激经济增长和处理衰败的城市景观的关键。上海雕塑艺术空间是上海市政府发起的、第一个通过改变土地规划性质，从工业用地变身为公共文化娱乐用地的项目，该项目被视作是展示工业遗产修复、鼓励创意产业发展的典范。

21 世纪的城市更新更加重视城市历史风貌保存与保护、工业遗产修缮与改造以及以文化创意为主导的空间更新模式，而更新的方式也从单路径的更新发展为多元化的更新。同时，城市高速发展中出现的社会效率及公平问题也逐步体现出来，城市更新中的利益主体呈现多元化的趋势。

2.2.4 第四阶段：2010 年以来文化特征凸显的有机渐进式更新

2010 年之后，是减速与再思考的时期。随着城市更新政策的正式出台以及在上海规划建设用地存量增长的背景下，上海开始步入稳步发展的渐进式更新阶段。2010—2018 年的城市更新更加关注历史风貌街区的创新性保护、工业遗产的保护性再利用、滨江地区的再开发和城市社区的重建，该阶段以文化重建为主要特征，强调城市更新中的文化内涵、更多与文化事件相结合，同时也强调包容社会、经济和环境等多目标的综合性更新。在这个时期，公众参与的创新形式在萌芽，体现了由下至上、公众主导、专家指导、政府协调、企业参与的小规模更新[71]。城市更新朝着渐进式的、针灸式的有机更新模式发展。

1. 历史风貌保护制度的调整与创新

作为特有的文化产物，历史街区的再生和再利用不仅要考虑建筑物所组成的物质文化，还应当尊重当地特有的制度文化、行为文化及心态文化（隐性文化）[72]。每个历史时期都具有各自的建筑风格和街区特色，城市更新是"破旧立新"的过程，而城市发展更应树立"护旧立新"的观念[73]。在城市历史延续方面，从历史风貌街坊、风貌保护道路到历史文化风貌保护区，上海城市形成了"点—线—面"的历史风貌保护制度体系。上海旧城改造逻辑近期已从"拆、改、留"转变为"留、改、拆"，进一步加大城市历史文化风貌的保护力度，特别是石库门建筑、工业文化遗产的保护和成片历史文化风貌的保护。

优秀的历史建筑和历史文化风貌区是上海重要的文化遗产，它们既是城市历史文化的积淀和投影，又是构成城市地域特色的文化景观[66]。城市更新赋予了城市历史保护以更重要的未来[74]。反之，城市历史保护也使得城市更新有据可依。21 世纪的第二个十年，历史风貌的保护也越来越多地受到了公众和学者的关注。在华东电力大楼的改造更新过程中，可以看到社会民众和学者对于其历史形象的保留所起到的巨大推动作用。华东电力大楼（南京东路 201 号）始建于 1984—1988 年，由华东设计院设计，它常被视为上海第一座具有后现代风格特征的高层建筑。在 2013 年其第二次更新改造过程中因提议大幅度改变外立面原始风貌而引起了各方的关注，尤其是上海市建筑学会和专家学者为代表的社会团体，在政府、社会、开发商求同存异的过程中，最终的改

图 2-3 华东电力大楼改造前后照片
资料来源：左图方维仁拍摄，华东院提供；右图华东院提供

造方案最大程度地维护了其原有的建筑立面样式。这代表了上海市民对于城市历史文化的认同。
整个更新过程呈现出城市文化形象需要改变—引发文化舆论—影响城市空间决策的改变—维护城
市空间文化形象等多个层次，使其成为自建成未超过保护政策所规定的 30 年，却经过各方博弈
而得到保留的历史建筑（图 2-3）。

2. 工业遗产的保护性再利用

2010 年之后，对于工业用地的再利用也得到了政策的进一步支持。上海曾经作为 1949 年以
来重要的工业城市，其工业用地的转型一直是处于全国领先的地位。随着上海城市中心区去工业
化进程的开始，新一轮上海总规修编也提出"建设用地零增长，工业用地减量化"的发展目标。
同时随着文化创意产业的发展，上海出台了工业用地按照"三个不变"的方式进行非正式的转型。
2014 年出台的《关于本市盘活存量工业用地实施办法（试行）》，使工业用地更新向正式更新又
进了一步[75]。

工业遗产的再利用策略，往往集中在对于原有的工业厂房环境进行整治，旧的厂房进行加固、
修缮、完善基础设施，使其从一片破旧的厂区逐渐发展成为富有活力的创意产业园区。此外也有
大量的工业遗产单体被改造成为博物馆、美术馆，承担城市的文化艺术功能，这种现象在黄浦江
两岸愈发明显。继 2010 年世博园区工业建筑的大量改造之后（例如原南市发电厂改造成为当代
艺术博物馆），黄浦江西岸的工业建筑也进行了艺术文化性改造（例如原北票码头煤漏斗仓库改
造为龙美术馆等），黄浦江东岸民生码头的八万吨筒仓也历经了改造蜕变为艺术展示类建筑
（图 2-4）。

图 2-4 黄浦江东岸八万吨筒仓及西岸原北票码头煤漏斗仓库改造后
资料来源：左图自摄，右图西岸集团提供

3. 滨江地区的再开发

随着去工业化进程的开始，黄浦江逐渐由生产型岸线转变为生活型岸线，黄浦江两岸的大规模再开发，体现了由上而下、政府主导、政企结合、公众参与的规模性、系统性保护与更新的规划实践。滨水空间是多方利益相关者集聚的场所，也是空间博弈比较复杂的场所。外滩的历史建筑群的保护修缮及其滨水公共区域的多次改造也是上海市民精神重塑的重要体现；陆家嘴金融区的开发为上海乃至全国的经济发展以及上海成为全球城市的城市新形象起到了极大的推动作用；2002 年的上海黄浦江两岸综合开发计划拉开了滨江地区再开发的序幕；2010 年上海世博会带动了世博园原工业区（上钢三厂）的再开发（图 2-5），同时加速了上海的城市化、现代化以及全球化，成为上海对于全球文化最好的展示舞台[60]。

自 2010 年上海世博会之后，黄浦江滨江再开发进入新的时期。世博会期间储备的土地逐渐被释放出来，城市文化政策支持下的文化事件、文化艺术活动开始引导黄浦江两岸的复兴。2012 年徐汇滨江（今西岸）的再开发，体现了继 2010 年上海世博会以文化事件促进城市区域更新之后，再一次以文化政策引导的黄浦江滨江地区再开发。2015 年上海城市空间艺术季（SUSAS）刺激并强化了西岸的振兴及其区域的文化定位；2017 年第二届上海城市空间艺术季再一次促进了黄浦江东岸民生码头的更新。此外，2017 年 8 月《黄浦江两岸公共空间贯通开放规划》也将"还江于民"作为规划的重点，注重滨江空间的公共性与共享性。

值得关注的是，在黄浦江西岸的再开发过程中，西岸集团以文化政策为触媒，通过创造一系列文化事件，来引导区域内城市空间的变迁（图 2-6）。黄浦江西岸的再开发建设集文化事件、文化产业、文化投资、文化策展为一体，通过"西岸文化走廊"项目促成了大量私人美术馆、艺术品仓库等的建设。同时通过优惠政策，鼓励艺术家的入驻，形成艺术家的集聚区和艺术村落（西岸艺术村），促进艺术产业的扎根以及产业的运行[76]。

图 2-5 世博园区开发前后对比
图片来源：左图：陈海汶.上海老工业.上海人民美术出版社，2010.右图：徐毅松.浦江十年：黄浦江两岸地区城市设计集锦.上海：上海教育出版社，2012.

图 2-6 徐汇滨江开发前后对比
图片来源：西岸集团提供

4. "以人为本"的社区微更新

2010 年之后，城市社区更新逐渐展现出以社区为更新单位、居民参与加强、各方力量介入等微更新特征。上海独特的历史形成了具有不同时期特色的居住空间类型——里弄社区、工人新村以及高层居住社区等。居住空间是城市空间的重要组成部分，也最能体现城市空间更新与变迁，然而在其更新过程中我们不难看到由于更新所造成的城市居住形态的断裂以及士绅化的过程。例如，田子坊中资本与市民文化的冲突、新天地中的原居住空间商业化与居住形态的转移、中远两湾城旧改项目中无法回避的士绅化问题等。2010 年之后对于社区文化的尊重以及社区归属感的营造成为社区更新的重点。居住社区是生活的基本场所，是城市管理的基本单元，同时也是社会治理的重要领域。社区更新面临的利益博弈更加复杂[75]，但同时也是"以人为本"理念可待落实的更加具体的空间介体。因此不仅从空间、功能上需要进行更新，更要从人文的角度，挖掘社区的文化底蕴、塑造居民的身份认同感。

在社区层面，政府和居民的协同合作开始发挥更大作用，自下而上的"微更新"成为城市更新的新特征。城市微更新以适应新的日常生活与工作的需求为导向，对一系列片段化的城市建成环境和既有建筑进行调整型更新。建筑师、规划师、学术团体与市民自发参与，以小规模、低影响的渐进式改善方式缝补了社区空间网络。石泉路街道社区更新、田林街道社区更新、塘桥社区更新、浦东缤纷社区行动等，都体现了这种小规模渐进式更新过程中公众参与力量的加强。同时《上海市街道设计导则》《上海15分钟社区生活圈》等政府主导的城市更新政策得到了广泛的传播，说明上海政府在城市管理中的角色愈加突出，这也从一定侧面显示出城市更新中人文与公众参与的部分在加强。2016年上海开展了"共享社区计划"，作为四大更新行动计划之一[4]，努力推进社区微更新与社区规划师制度。

2.3 上海城市更新的阶段性特征

1978年改革开放以来上海的城市更新，各个阶段特征鲜明，伴随着城市自身的发展以及外部因素的介入，不同时期的更新目标、运作方式与实施主体等都有着显著的不同（表2-1）。

更新的资金来源方面，20世纪80年代计划经济体制下的城市更新，主要资金来源以政府筹措为主，形式为政府及公共部门拨款补助；20世纪90年代随着计划经济向市场经济转轨，城市更新走向了市场引导、以吸引私人投资为目的、以房地产开发为主要方式的新模式；进入21世纪后，在更加积极吸引外资的同时，鼓励私人投资与推动企业与政府之间的合作；2010年之后，由于进入全球化的竞争网络系统中，如何进一步吸引外资并保持本地资本的竞争优势成为城市更新的重点。

更新的内容方面，20世纪80年代的城市更新重点落在"旧区改造"和部分的商业改造之上，主要的目标是改善城市居民的居住水平；20世纪90年代随着经济的高速发展以及"旧区改造"的逐渐完成，对于市中心历史街区的再开发成为重点；21世纪初，城市的历史文化价值得到进一步的关注，完成了对于中心城区历史风貌保护政策法规的建立与完善，同时伴随着大量的城市工业用地的转型，城市更新的重点也转向对于工业仓储空间的修缮与改造；2010年之后，随着上海城市正式进入存量发展，滨江空间及居住社区得到了更多的关注，并将持续成为未来城市发展的重点区域（表2-2）。

更新的参与主体方面，20世纪80年代的城市更新是政府主导下的指令性任务，路径单一；从90年代开始，为了提高竞争力从而在全球生产网络中争取更好的位置，政府不得不采取更加

---

4 其他三个计划分别是创新园区计划、魅力风貌计划、休闲网络计划。

表 2-1 上海城市更新阶段与特征

发展阶段	更新的目标及内容	更新机制及策略	更新阶段性特征
20世纪80年代	旧区改造（改造棚户区和危房）	政府筹措为主（财政资金、政府及公共部门的拨款补助），政府主导下的区行政单位	旧改为主、大量拆除历史弊端的住房，并进行一部分的商业改造
20世纪90年代	房地产开发，以经济增长为目标	计划经济向市场经济的转型下，利用土地级差地租效应吸引外资，政府主导、企业运作	从以政府计划为主的城市更新政策转向市场引导与私人投资为主的城市更新策略，从由政府操纵的"自上而下"的方式过渡到"自下而上"的民间资本的推动
21世纪初	注重历史文化保存和工业仓储用地再开发	市场经济下，吸引外资，采用土地出让批租，政府扶持、企业运作、市民参与	城市去工业化、注重发展现代服务业和创意产业，注重历史建筑的保护
2010年后	滨江地区的再开发以及社区为单位的更新	市场经济下进一步吸引外资政府主导、企业运作、专家引领、公众参与	存量、减量更新背景下的小规模、渐进式、针灸式的有机更新；更加注重城市综合实力的提升和文化方面影响

积极的、企业化的战略，主动与私人部门结合成为"增长联盟"，鼓励、促进并保持地方经济发展，这种公私合作的关系在世界范围内大部分的城市更新项目中都存在[77]；21 世纪之后的城市更新，在政府主导、企业运作的前提下增加了市民参与的力量，利益主体开始呈现多元化；2010 年之后，在强调政府、开发商、社会三方合作的基础上，更多的利益相关团体参与城市更新的机制中来，并在特定的更新案例中，出现了以公众参与为主、自下而上的更新力量，城市更新的内涵定位为经济、社会、环境、文化等多目标的综合性更新。

厘清城市更新的发展脉络，梳理每个时期城市空间的变化特征，明确更新实施主体之间相互作用的关系，可以得出城市更新的成功有赖于建立一个真正有效的城市更新管治模式，亦要有一个包容、开放的决策体系，一个多方参与、凝聚共识的决策过程，一个协调的、合作的实施机制[56]。当今的上海城市更新正朝着小规模、针灸式、多维度的有机更新方向发展，以注重城市的历史文化遗产的保留与保护为特色。在未来，城市更新将更加关注城市的文化、价值与城市中居民的公共利益[78]。

表 2-2 上海城市更新的阶段性典型案例

时间阶段	项目名称	开始时间	城市更新的空间类型
1949年—改革开放前	工人新村的建设	20世纪50年代开始	居住区建设
20世纪80年代	旧区改造	20世纪80年代	居住建筑改造
	豫园商城、淮海路、南京东路更新改造	20世纪八九十年代	商业改造
20世纪90年代	新天地	1990年	历史建筑保护与更新
	思南公馆	1999年	历史建筑保护与更新
	浦东开发（陆家嘴金融区）	1992年	滨水地区开发
	苏州河沿岸仓库厂房	1999年	工业遗产改造
	中远两湾城	20世纪90年代末	旧改项目
	田子坊	20世纪90年代末	历史建筑保护与更新
2000—2010年	莫干山路M50	2000年	工业遗产改造
	八号桥	2001年	工业遗产改造
	外滩源	2002年	历史建筑保护与更新
	上海啤酒厂	2014年	工业遗产改造
	红坊/上海雕塑艺术中心	2005年	工业遗产改造
	外滩滨水区	2005年	滨水地区改造
	1933老场坊	2006年	工业遗产改造
	上海国际时尚中心	2007年	工业遗产改造
	武康路及武康庭	2007年	历史建筑保护与更新
	陆家嘴步行天桥	2008年	新建基础设施
	老码头	2009年	滨水历史地区改造
2010年之后	衡山坊	2010年	历史建筑保护与更新
	上海世博会园区	2011年	滨水地区工业遗产改造
	徐汇滨江（今西岸）	2012年	滨水地区工业遗产改造
	曹杨新村	2013年	居住社区的更新
	东斯文里	2014年	历史建筑保护与更新
	西岸龙美术馆	2014年	工业遗产改造
	新场古镇	2015年	新镇建设
	华东电力大楼的改建	2015年	历史建筑保护与更新
	石泉路街道社区更新	2016年	居住社区的更新
	田林社区更新	2016年	居住社区的更新
	东岸八万吨筒仓	2017年	工业遗产改造

2.4 新时期上海城市更新的文化转向

纵观改革开放以来的上海城市更新历程，逐渐由 20 世纪八九十年代以地产与经济增长为导向的城市更新转变为 21 世纪以来以文化为导向的城市更新。20 世纪 90 年代以地产导向的城市更新，被批评缺少对于人力资源开发、当地生产潜在竞争力的考虑以及对于基础设施的投资等[79]，并一再摧毁了城市社区的多样性和活力[80]。在促进城市经济增长的同时，也产生了明显的士绅化现象以及较严重的社会问题，这种以牺牲居民日常生活价值为代价的城市更新受到了社会各界的批判[81]。在步入新世纪之后，城市更新更加关注历史文化保存、工业遗产的保护与再利用、滨江地区的利用再开发以及社区微更新等方面。这些更新策略在一定程度上促成了对于社会居民地方文化的关注以及城市传统历史文化传承意识的觉醒。

伴随着城市转型为消费社会，城市发展模式也从福特主义转型为后福特主义。文化成为刺激上海经济增长和城市发展的重要动力之一[82]。上海城市更新历程从地产导向走向文化导向，文化已成为上海城市发展的重要主题[54]。2035 年上海的目标是基本建成卓越的全球城市，令人向往的创新之城、人文之城、生态之城[5]。文化已成为新时期上海城市有机更新的基本要求和重要任务。

文化增强了城市的辨识性，创造出了在衰落的城市区域进行场所营造和经济发展的新篇章[83]，在某些方面文化也被用作提升城市竞争力的工具。文化一词也被正式列入城市更新的政策中，政策决定者还试图通过当地的文化、传统及历史来创造一个独特且多样性的身份。在城市更新的语境下，文化可以蕴含于城市、建筑等历史遗产或者旅游景点，亦可见于视觉或表演艺术、节日或娱乐大众的事件等，甚至就在人们的生活方式之中。在城市物质环境的更新过程中，老旧建筑可能会被再利用（例如发电站、工厂和火车站等被改造成博物馆和艺术画廊）；新的消费空间可能会在被净化过的废地上建造起来（例如超市、奥林匹克村、世博会场址等），工业地区会被清洁净化、被再开发等（例如水岸等）[84]。随着工业社会进入后工业社会，创意文化产业与工业遗产的结合恰恰满足了新兴阶级所需要的形式感和对生活的审美需求[71]。

然而尽管越来越多的更新项目被冠以"文化引导"的头衔，但是文化在其中却处于一个相当边缘的地位[85]，其背后更多的是经济利益的驱使。正如布尔迪厄指出的，"文化和艺术的消费倾向于自觉地，有意或者无意地实现了使得社会差异合法化的社会功能"[86]。莎朗·佐金（Sharon Zukin）在其早期著作中也指出，隐含在以文化为中心的城市更新策略中的审美判断，是社会控制的有力手段的一部分，而不是包容性文化生产与创新的秘诀[87, 88]。在消费社会，"城市遗产的商品化"现象在城市更新的过程中愈发多地发生，然而其背后却存在难以解决的社会融合问题。大卫·哈维（David Harvey）认为在城市更新的语境下文化被理解成"流动的城市奇观"[89]，是对于上层和中层阶层的回馈。约翰·汉尼根（John Hannigan）将这种城市开发描述为"奇幻城

---

5 上海市政府颁布《上海市城市总体规划（2017—2035 年）》，详见 https://hd.ghzyj.sh.gov.cn/xxgk/xwfbh/201801/t20180111_819691.html。

市"[90]。同时这也回应了亨利·列斐伏尔（Henri Lefebvre）的观点："历史建构的城市已不再适于生活和实际的理解，而只是变成了游客文化消费的对象。"[91] 同时，工业遗产大量改造成为创意产业，虽然对于城市区域的更新具有瞬时的推动作用，然而其背后也隐藏着危机。工业时代遗留下的废弃工业厂房，在城市品牌化的过程中通过新的创意和文化用途对其进行再投资，然而却游离于城市的主要功能之外，并不能对城市特定区域的经济运转起到有力的支撑，此外还有士绅化的可能。例如，上海雕塑艺术中心（红坊）曾将自身定位与纽约的苏荷区、伦敦的泰晤士河南岸、温哥华的兰桂岛同列，然而我们却也可以清晰看到纽约苏荷区早在 2000 年就出现了士绅化的趋势，创意办公空间早已被奢侈品旗舰店所占据。此外，2010 年世博会之后，上海新增了大量的私人博物馆，占全中国的 15%，其大部分位于黄浦江两岸[92]。这似乎也伴随着城市更新过程中文化中心的迁移——莫干山路、田子坊等旧的文化区的没落以及新的水岸地区文化区的形成。然而新建博物馆是否能拉动当地的经济整体发展并维持自身的运营都尚未有定论。

2.5 小结

在全球文化的冲击下，上海也不可避免地经历着自身文化的迷失以及对自身身份认同的不确定性。作为一个开埠城市，上海有其独特的城市文化。上海的城市文化受到异质文化的深入影响，对于文化的开放性使得全球文化和本土文化在这里得到了极大程度地交融。上海的城市历史赋予了上海城市独特的空间，无论是历史风貌街区、工业遗产、滨水空间还是居住社区，这些独具上海特色的城市空间都与历史文化息息相关，反之，城市的文化也对其物质空间形成和演变起到了直接的作用。

在城市更新的过程中，上海如何寻找自己的新身份以及采取何种更新的价值取向？首先应该对自身的文化有一个清醒的认识，避免对于国际化文化模式的复制，创造并延续自身的传统文化。我们应该正确认识到文化在城市更新中的作用。城市更新最重要的内涵是城市文化遗产的保护与城市文化的传承，在保证城市已有文化积累得到充分保护与传承基础上进行创新发展[93]。文化不是口号和工具，不仅仅是城市空间内一些设施（文化设施、艺术装置等）的依附，也不仅仅是创意产业、文化节庆、旅游等带有士绅化色彩的高端消费，而是从城市本身生长出来的，对城市发展的本质规律的挖掘与传承。同时，对于文化的理解和应用除了是当今新时期上海城市更新的任务和要求之外，亦更有助于加深我们对于未来城市发展的理解并作出应对和判断。

第3章

城市更新语境下的
上海水岸再生

CHAPTER

3

3.1 上海城市近现代发展背景

上海位于中国两大经济带东部沿海和长江流域的 T 形交叉口，这个优越的地理位置推动了上海的崛起和发展。上海在 1843 年开埠后，在一个世纪之内迅速发展成为全球主要金融中心以及世界主要的港口。上海经历了三个城市化时代，大致可以分成从小渔村到大都市（1843—1949 年）、社会主义工业城市（1949—1990 年）、去工业化和全球城市三个阶段（1990 年至今）[62]。每个阶段在城市扩张等方面都表现出鲜明的特点，每个阶段都在上海的城市结构乃至区域和全国的战略布局上不断变化。

3.1.1 从小县城到大都市（1843—1949 年）

上海本是一个小渔村，它的崛起与它租界港口城市的身份是分不开的。1843 年上海开埠，成为中国主要的对外口岸，拉开了近代上海城市发展的序幕。

上海的第一个近现代城市化时代始于第一次鸦片战争之后，上海被迫向西方列强开放，并迅速成为世界的贸易中心。随后，法国（1847 年）、美国（1863 年）、日本（1895 年）都在上海开辟租界。在这些租界中，外国人颁行他们的法律，甚至拥有自己的武装。1853 年，上海已成为中国最繁忙的港口，人口达到了 5 万人。19 世纪与 20 世纪之交，人口达到了 100 万人。到 20 世纪二三十年代（所谓的近现代上海黄金时代），上海已发展成为远东最大的金融中心。

近现代上海的城市化进程几乎与西方发达国家大城市的发展进程同时发生。当时，上海的人口、产业、城市经济规模和城市面积总体上平衡，并可与西方城市相比拟。然而，西方的工业化是受到内部力量的刺激，上海的第一个城市化时代则是在非常特殊的历史条件下发生的，主要是外部因素造成的。随着 19 世纪西方工业文明的引入，造船、纺织、发电厂、水厂等近代工业在黄浦江畔相继兴起，逐渐形成杨树浦和沪南两大滨水工业区，成为中国近代工业的发源地。这一时期由民族资本建立的江南制造总局（1865 年）、上海机器织布局（1890 年）、发昌机器厂（1866 年）等创造了中国工业发展史的多个第一[94]。贸易和工商业的繁荣进一步促进了黄浦江航运功能的快速发展，至 1930 年，上海已成为闻名遐迩的远东大都会。

3.1.2 社会主义工业城市（1949—1990 年）

第二个城市化时代发生在 1949 年新中国成立后。由于这个历史时期的国内和国际形势，国家必须自力更生并且实现自给自足。因此在国家政策的指导下，上海迅速从金融中心转变为综合性制造业中心。在高度集中和有计划的经济体制下，城市发展成为中国最大的制造业基地，由消费型城市转变为生产型城市。由于上海在重建国家经济的重担中占有很大的比重，发展制造业和工业部门的工作受到高度重视，上海的工业得到了长足的发展。位于黄浦江畔的吴泾、高桥两个化工基地历经 40 余年的发展壮大，至今仍在发挥作用。黄浦江引领上海港口和工业的发展，为确立上海作为中国经济中心城市的地位作出了重要贡献。

中国改革开放初期，从 1978—1990 年，珠三角地区的发展以深圳为中心，成为国家改革开放思想的试验台，在那个时期中国经济改革计划中的上海，新兴经济体制接管了旧制造业，新旧经济体系经历了很大的磨合。虽然上海经济增长一直强劲，但当时的增长速度落后于珠三角地区，上海经济在全国的重要性有所下降[62]。

长期以来，上海人口虽然只占全国人口的 1%，却贡献着国民财政收入的十分之一至六分之一[95]，上海向中央政府贡献的税收达到了城市预算的 30 倍。直到 1984 年，上海依旧将其税收的 85% 贡献给国家[96]。同时，在为国家贡献了税收之后，上海缺少更新城市基础设施的资金。直到 20 世纪 90 年代初，上海人均居住面积、人均绿地面积、公交情况等生活条件的主要指标居全国低位。在这样长时间未有改善的生活环境下，里弄和其他历史区域变得极为密集，城市开始给人留下"贫民窟"的印象。由于这些问题，上海作为中国经济引擎的地位被削弱了，城市的竞争优势也经历了滑坡。上海，曾经的"东方巴黎"，逐渐沦为一个萧条的工业城市[97]。上海急需新的道路建设，更好的交通，待改善的供水系统、房屋建设以及城市环境质量和水系质量。除此之外，上海还需要新的投资，尤其是在浦东地区。为了应对这些问题，上海开始一次激进的改革。通过"转让土地所有权"来换取资金。这在 80 年代后期成为主要的资金筹措的方式。地租取代国有企业的税收成为用于城市建设的城市市政资金的主要手段。通过这种途径产生的开发资金相当于上海 1993 年总固定资产投资的 60%[96]。在 80 年代末期，经过国家允许，上海借资 14 亿美元，进行上海地铁和新的跨黄浦江大桥等城市建设。

3.1.3 产业转型与全球城市（1990 年至今）

中国的对外政策构成了上海第三次城市化时代的背景，这个时期同时也是在中国全面城市化的大背景下发生的。改革开放后，上海逐渐进入全球经济一体化的轨道，20 世纪 80 年代中后期，虹桥经济技术开发区和漕河泾新兴技术开发区投入建设，叩响了上海产业结构调整之门。

从 90 年代开始，上海开始经历了史无前例的、快速和大规模的开发[61]。在 90 年代，两个关键政策为全国快速城市化提供了巨大动力[62]。第一个政策调整了中央和地方之间税收分配的关系，地方政府获得了更多使用建设资金的权利，使其财政自主程度大幅度提高，为城市基础设施发展和城市管理运行创造了条件。第二个政策变化是土地租赁和房屋制度改革，从土地的无偿使用到土地的有偿使用，将社会主义福利住房体系转变为房地产市场模式，从计划经济向社会主义市场经济转型，促成了城市的高速发展。

1990 年代初浦东新区开发，标志着上海经济发展方式发生了巨大的变革，是上海走向国际大都市的必经之路。上海城市建设发生了根本性的变化，一方面，带动了城市基础设施的迅速改善，90 年代初，上海投资了之前 3 倍的资金用于城市基础设施的建设。这些基础设施工程包括：南浦、徐浦和杨浦大桥，地铁 1 号线，内环高架路、南北高架路，以及上海至南京的高速公路。居民的生活条件也得到了很大改善，上海的人均居住面积从 1992 年的 6.9 平方米扩大到 2002 年的 13.1 平方米。与此同时，它也成为建筑生产的重要的试验地，无数新建筑拔地而起。另一方面，这样的快速发展也引起了对于城市历史、文化和社会问题的质疑和批评。过去十年中上海的城市肌理被一定程度破坏，为城市基础设施进行重组提供了便利，并创建了全新的区域，这不禁让人联想起现代主义城市规划中的白板式做法（Tabula Rasa Approach）[97]。20 世纪 90 年代上海的迅速发展使其重新成为中国重要城市之一，城市格局、城市规划和发展实践，都成为全国其他城市的样板，这也为它在 21 世纪成为全球城市的目标奠定了良好的基础。

上海的现代化发展成为 20 世纪八九十年代中国得以进行经济转型的一个关键部分。它在 2000 年转型成为一个全球经济中心[97]。继 20 世纪 30 年代的辉煌之后，再一次蜕变成为全球的金融中心之一。

3.2 上海城市文化的特殊性

3.2.1 依水而生、因水而兴

上海的城市地理位置和独特的发展历史决定了其文化的特殊性。上海具有独特的城市形态，是位于长江下游典型的南方城市。上海的城市水岸是城市形态中重要的一部分。在上海大都市区有 697 平方公里的水域以及超过 3000 条河流[98]。上海的两条主要河流——黄浦江和苏州河，孕育了上海的城市性格与文化。上海的近代城市源于黄浦江岸边，并且随时间的变迁以上海县城、法租界、英美租界、公共租界的顺序扩张[99]，权力对城市空间的占据一直是沿着黄浦江两岸而扩展的。上海的另外一条主要的河流——苏州河（历史上称为吴淞江），从太湖流入黄浦江。在上海境内，苏州河流经了城市的正中心，河流承担着泄洪、排水、通航并提供灌溉和渔业的功能。

古代上海，"大海滨其东，吴淞绕其北，黄浦环其西南"。宋代，在松江下游有一条小河，叫作"上

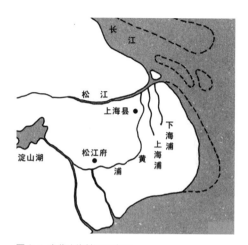

图 3-1 宋代上海地理示意图
资料来源：伍江.上海百年建筑史.上海：同济大学出版社，2008.

海浦"，与松江相汇，由于松江上游淤浅，航道受阻，无法进入上游的船舶只好停泊上海浦，这个新的港口很快便形成了新的集镇，叫作"上海镇"。城内的布局是以纵横交错的河道为主线。主要的道路大多沿河而筑，河网道路纵横，桥梁星罗棋布，是典型的江南水乡市镇[99]（图 3-1）。

明朝年间将黄浦江向北疏浚入海，从而形成了黄浦江黄金水道，上海港的贸易地位因此得以稳固和发展[100, 101]。19 世纪中叶之前，上海就凭借扼江海咽喉的地理位置，逐步形成了发达的航运业，实现了从农耕社会向商业贸易港口城市的转变。黄浦江是上海的母亲河，哺育造就了近代上海。19 世纪中叶以来，借助于地理位置和水运之利，沿岸金融贸易业、港口运输业、近代工业逐步兴起和发展，带动了城市的繁荣，使上海成为世界闻名的远东大都市[102]（图 3-2）。

黄浦江作为天然港口，不仅可以通过长江进入中国内陆，还可以通过东海同世界相连。1843年，中国因"南京条约"被迫开埠，加入世界贸易网络。在此之前，黄浦江位于中国边缘的次要位置，曾一度成为海盗逆流而上袭击老城城墙的必由之路（图 3-3）。19 世纪中期，黄浦江快速发展，大量外国洋行与码头、仓库涌现，上海一跃成为世界性重要的港口城市和世界经济中心之一。上海成为连接中国与世界的大门，黄浦江成为上海主要的交通运输线路以及人和货物的进出点。大量的码头、仓库在河岸边蓬勃发展，奠定了上海经济崛起的基础[103]（图 3-4，图 3-5）。

上海不论是历史上贸易和商业的兴盛，还是近代开放港口的崛起，都离不开黄浦江。水，造就了上海昨天的成就、今天的辉煌，也将成就明天的希望[100]。水兴则城兴，水亡则城亡。黄浦江对于上海城市的发展而言，是一把双刃剑，黄浦江两岸的城市空间是上海成为全球城市不得不面对的一个重要领域。

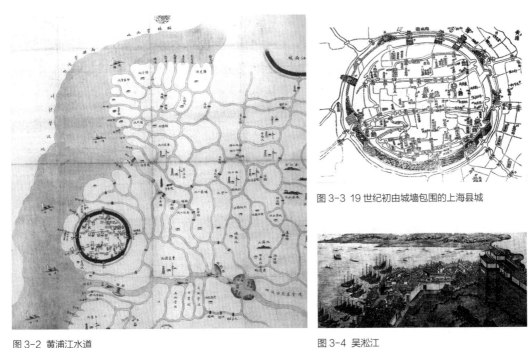

图 3-3 19 世纪初由城墙包围的上海县城

图 3-2 黄浦江水道

图 3-4 吴淞江

图 3-2 ～图 3-4 资料来源：Denison E. Building Shanghai:the story of China's gateway. West Sussex:Wiley-Academy, 2006.

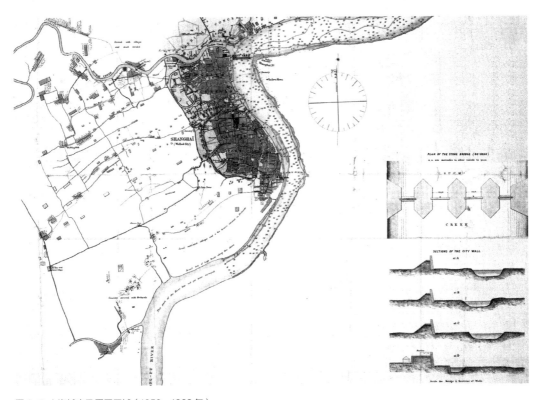

图 3-5 上海城市及周围区域（1858—1862 年）

资料来源：Denison E. Building Shanghai:the story of China's gateway. West Sussex:Wiley-Academy, 2006.

3.2.2 海派文化、多元文化

上海城市的文化特性是与城市发展的历史紧密结合的。伴随着上海的城市化发展和城市化进程的展开，上海历史上也呈现出三次大的文化融合现象[104]。

第一次文化大融合源于 1000 多年前大运河的开通，南北文化的交流碰撞和商业文明的发展形成以多元融合为特征的江南文化。第二次文化大融合以上海开埠后的现代城市发展为标志，1898—1949 年，上海文化步入兴盛期，上海成为全国文化中心。20 世纪 30 年代，上海呈现出东西文化与中国不同地区文化的共存与融合的状况。外国资本和民族工业的崛起以及商贸业加速了城市的发展以及经济的兴起，使得上海成为 20 世纪早期主要的经济和文化大都市[98]。文化形态的形成，前提在于上海都市经济的发达，以及政治环境的特殊性，特别是租界的存在造成的政治空间的分割。这个时期形成的海派文化，是上海作为联系东西方文化之桥梁的映射。然而随着新中国成立，上海的城市定位由开放的通商口岸转为供应内地的工业基地，上海的城市文化也进入了转折期。1949—1978 年，上海的城市文化基本特征呈现出"由中心到边缘，由外向到内向，由多元到统一，由服务于生活到服务于政治"[105]。1978 年之后，上海的城市文化迎来了第三次的文化大融合，尤其是 90 年代之后，随着对外开放的逐渐加深，上海再次成为东西文化交流的中心。新时期上海市场经济和市民社会的拓展，又为多层次、多种类的文化融合创造了条件，增加了"主旋律"文化、精英文化、大众文化等多层次的内容，呈现出一种"兼容并蓄"的多元文化的特征。

上海独特的城市文化源于海派文化。海派文化是在古代吴越文化以及明清江南文化的基础上，融合开埠后传入的近现代西方文明，是上海特有的文化现象。因此就不难理解上海文化中的"兼容性"，它是上海城市文化的固有特性。早在开埠以前，上海就出现了"五方杂处"的局面，开埠以后更是对包括建筑在内的外来文化，经历了从鄙夷、好奇到欣赏、模仿以至进行中西混交的过程，这一过程的背后，是外来文化"基因"进入上海社会的集体无意识层次，文化价值取向逐渐走向了成熟。

海派文化，从这一词中可以深刻地理解到上海城市对于外部社会、对于全球及世界的态度，这也决定了上海城市所独有的文化特殊性。因此陈丹燕说"上海对世界主义，或者说普世文明，或者说全球化的渴望，是真正发自内心的"[106]。海派形成了一种上海都市风格，"由态度、文脉、生活及行为方式或者是一组可定义的形式特征组成"[107]。白吉尔也在《上海史：走向现代之路》一书中提到"海派"或者说"上海风格"是现代中国商业和大都会文化的准确表达[108]。同时，在英文中 Haipai（海派）也经常被翻译成为 Ocean Culture，这反映了上海城市"水"的性质（甚至城市的名字都意为"在海上"），以及它源于港口的重要性，更深刻的意义在于对通过城市水道而生发出的强烈的对混合文化的肯定[109]。

上海对中国的现代性探索有重要的意义。作为"现代中国的一把钥匙"[110]，这种都市文化是以广大市民群体为接受对象的，这决定了上海城市的市民精神是得到高度重视的。在这样上海独特的文化语境下，探讨全球化与本地化背景下城市空间的发展问题，使得研究背景更加有据可循。

3.3 黄浦江两岸的近现代历程

上海依水而兴，黄浦江的发展见证了城市的变迁，同时黄浦江也是上海城市的象征，对上海独特地域文化的形成和演变具有重要的意义。如同黄浦江的包容和开放，上海城市人口结构多样，文化多元并存，本土文化和外来文化的充分融合。上海移民社会的特质对海派文化的生成具有极大的催化作用。黄浦江上过往的船舶和移民，带来了资金、技术、人才和文化艺术，汇聚成为上海的活力和潜力，构成了海派文化开放性、国际化的精神传统。黄浦江是海派文化的源点，既带动了城市的发展，也形成了城市的文脉。

黄浦江是上海近代化过程中外来资本输入与民族资本兴起起步最早，也最为集中的地区之一。黄浦江两岸是近代上海工业发展的起源地和城市发展的源动力。20 世纪初期，外国航运势力将上海原本集中于老城厢外（十六铺到南码头）约 3 公里长的黄浦江西侧岸线延伸至今北京路至延安东路（原名洋泾浜）一带，在此基础上形成了具有综合城市功能的租界区，其中浦西外滩核心段形成了以金融办公、航运码头功能为主，兼具社交娱乐、生活服务等丰富多样的功能区。

外滩形成之后，上海港区沿租界范围渐次向黄浦江下游延伸，形成了以市政和工业为主要功能的北外滩地区，包括大型装卸码头、纺织工业和造船工业，以及大规模电力、供水等市政设施。1950 年代后，黄浦江滨水区的城市功能再次大规模向南、北延伸至江南制造局和复兴岛工业区，两岸出现了重工业。大量工业区沿浦江两岸分布，其中杨树浦、苏州河沿岸、江南造船厂、徐汇滨江最具代表性。这些工业记忆是独特的城市财富，也形成了城市的文化符号和城市文化资本。

从全球视角来看，20 世纪 60 年代以来，在第三产业迅速发展的情况下，世界范围内的城市滨水区去工业化进程逐渐展开。功能代谢过程中荒废的滨水区域被娱乐、商业、办公等新功能重新填充，再度成为市民共享的公共开放空间。与西方国家城市滨水地区发展历程类似，上海黄浦江两岸的发展也经历着了兴起—繁荣—衰落—振兴的过程。

3.3.1 浦江两岸权力空间的集聚（1843—1949 年）

1843 年上海开埠的时候，土地范围主要由城墙围成的县城和黄浦江沿岸的码头区组成。当时的上海县城（现在的老城厢），面积近 2 平方公里。第一批外国人定居点是沿黄浦江县城的北侧，意图将外国人的定居点与中国人分开。半个世纪后，这种分隔形成了上海的双城镇结构[111]。当上海周边地区发生战争时，越来越多的中国人逃到外国人定居点，然后在那里定居。外国人定居点和租界持续扩张。随着时间的推移，现代上海的发展是基于租界和外国人定居点的，直到今天，这些地区最终构成了上海市主要的核心区域[62]。租界沿着原上海县城，并沿着黄浦江向外扩展[112]。

苏州河将浦西分成了两部分。北部原是美国租界（1848 年建立），南部原是英国租界（1846 年建立）。这种租界割据的历史可以解释目前城市面临的一些交通问题。东西的交通相对而言比较顺畅，而南北的交通（也就是跨越苏州河）是比较困难的[98]。"外贸带动内贸，同时推动着交通运输、电信通信、金融保险和轻重工业的发展"[113]，在 19 世纪末 20 世纪初，商贸业成为上海产业体系中的主导产业。

黄浦江两岸也逐渐形成"新"的城市空间。一方面，西方列强带来的外资企业"自上而下"地强行在黄浦江两岸建立、扩展商业区、码头区和厂区，对黄浦江两岸空间进行割据，形成了十里洋场的景象[114]；另一方面，逐渐兴起的上海民族资本企业在外资企业的夹缝中"自下而上"地谋求一席之地[113]。由此形成了"新空间"的六大特点：（1）新的城市空间由黄浦江两岸起源，又沿着黄浦江进行扩展；（2）码头、货栈等沿黄浦江岸呈线性展开[115]；（3）金融贸易机构则紧邻上述空间，同时占据主要道路呈点线结合的集中布局；（4）工业空间随着公共事业的跃进，并配合贸易的发展分片布局；（5）大量侨民需求促使新城市商业体系形成网络，并占据在次要道路两侧；（6）浦东沿岸主要是以航运码头和相关工业为主，相对较为独立。

3.3.2 浦江两岸持续工业化（1949—1990 年）

1949 年以后，随着中央的工业战略布局调整，上海在建设新中国工业体系、加速实现国家的工业化中承担了重要角色，也造就了上海第二产业占绝对优势的经济结构[116]。上海成为工业发展的中心以及经济发展的引擎。

1949 年以来工业几乎构成了上海城市价值的核心部分，如此大面积的产业布局改变了城市文化和日常生活，城市中心 80% 的土地都被工厂占用[108]。大量的工厂选址在滨水区，大量工厂、造船厂和仓库沿杨树浦路迅速崛起，特别是纺织厂、纱厂、造纸厂、造船施舍、水厂、杨浦电厂等[117]。大多数的早期工业选址于滨水区是与它们的生产需求相关，如棉花、纺织和造纸等产业，需要大量的水资源来保证生产运转；而电厂需要煤炭供应能源，煤炭的运输方式是水路船运。

在中国近代工业雏形期即"第二次浪潮"之初，洋务运动的风云人物在"东外滩"的杨树浦地带开创了中国最早的工业和市政设施。百年工业，百年市政，使"东外滩"拥有了众多的中国工业文明之"最"：最早的机器造纸厂、最早的机器棉纺厂、最早的自来水厂、最早的外商纱厂、最早的煤气供热厂、最早的钢筋混凝土结构厂房、最早的钢结构多层厂房、近代最高的钢框架结构厂房、近代最长的钢结构船坞式厂房、规模最大的船舶修造厂、远东最大的火力发电厂等（图 3-6）。然而时过境迁，"东外滩"今已风光不再。衰落的产业、凋零的江岸、凌乱的景观，成为上海水上都市形象的一大缺憾，与外滩、北外滩和小陆家嘴构成的"两岸三角"及世博场址的优美环境势必形成巨大反差[118]。

图 3-6 黄浦江两岸的工业化
资料来源：Marshall R. Remaking the image of the city Bilbao and Shanghai Waterfronts in post-industrial cities.London: Spon Press, 2001.
Gil I. Shanghai transforming:the changing physical, economic, social and environmental conditions of a global metropolis. Barcelona:Actar, 2008.
上海市黄浦江两岸开发工作领导小组办公室 . 重塑浦江 : 世界级滨水区开发规划实践 . 北京 : 中国建筑工业出版社，2010.

　　上海是依托黄浦江发展起来的港口城市。新中国成立初期，规划充分利用原有码头，重点调整布局，连片扩大陆域，改造码头结构，增强泊位能力，并新建水陆联运设施。20 世纪 60 年代和 70 年代初期，开始在吴淞张华浜和军工路规划新建万吨码头泊位的第九和第十装卸区。这里是黄浦江最好的深水岸线，是以往历次城市规划方案所划定的港区。1973 年，根据国务院总理周恩来针对上海港口泊位不足，待卸压船情况严重，提出"三年改变上海港口面貌"的要求，按照港区规划，改建和新建了一些万吨级码头泊位，提高了机械化装卸能力。同时浚深了长江口南槽航道，使 2.5 万吨级的大型船舶能乘潮进港。随着对外贸易的发展，为解决黄浦江岸线已经基本饱和而吞吐量继续增长的矛盾，根据"紧靠上海、贯通长江"的原则，在长江南岸和杭州湾北岸的适当岸段，规划选择新港区。经多达 19 处新址的比选，综合提出了罗泾、外高桥和金山嘴三处，并纳入上海城市总体规划，报经国务院批准。"六五""七五"期间，在第九和第十装卸区开始改建集装箱码头，并规划建设了位于宝钢成品码头港池内和吴泾关港地区的两个外贸装卸区，改建了十六铺客运站。1984 年港口货物的吞吐量已突破亿吨，跨入了世界亿吨大港的行列 [119]。

3.3.3 浦江两岸去工业化与浦东开发（1990—2002 年）

1978 年上海改革开放之后，上海的城市发展再次（第一次是开埠）受到了世界的影响，作为中国的港口城市，上海接受来自世界的刺激而发生着日新月异的变化。

1992 年，党的十四大文件之中提出"一个龙头、三个中心"[1]的战略目标。传统工业在"退二进三"的战略指引下，不断向园区集中及郊区迁移，工业郊区化现象体现明显。随着金桥和张江等一批产业园区的建设，上海工业由遍地开花向相对集中发展，实现了集约化利用土地 [120]。黄浦江两岸一些传统工业如纺织业、造船、化工、钢铁、机械、建材等也于 90 年代由盛转衰，面临调整和升级。其中钢铁、化工、造船等产业由于空间局限和环境污染，在黄浦江两岸的发展受到了制约，也有外迁发展的要求，在城市总体规划的指导下，将这些产业迁出浦江两岸地区，向产业基地集聚，使企业获得更大的发展空间 [121]（图 3-7）。城市产业机制的调整、产业的外迁为城市中心区的第三产业提供了发展空间，而土地有偿使用制度产生的土地级差效应则直接加快了产业用地的置换 [113]，推动上海市先进制造业的结构升级和布局优化。

同时，黄浦江内港由于受水深条件限制，不能适应国际航运业船舶大型化和集装箱化的发展而面临迁移。上海港黄浦江容量有限，可利用的岸线、土地基本上都已开发使用。20 世纪 80 年代初，上海港务局会同市规划局和有关部门在 19 个新港区选址方案中筛选出罗泾、外高桥和金山嘴 3 个新港区（图 3-8），经可行性研究确定，并提出上海港的进一步发展，在于开辟新港区和增深航道。90 年代初，结合外高桥保税区的开发建设，规划建设了外高桥新港区 4 个顺岸式万吨码头泊位，并着手挖入式港池工程的可行性研究。随着整治长江口的科学试验取得了新的论证成果，分期浚深通海航道可达负 12.5 米，据此选址在外高桥五号沟地段，规划以装卸第三代、第四代集装箱为主的挖入式深水港区，增强枢纽功能。上海港实施"新老结合，逐步外移"，黄浦江港区将继续"限制规模，调整功能，更新改造"，实现现代化。同时，结合长江三角洲地区相邻的沿海和沿江的深水港，形成组合港，为上海发展成国际航运中心奠定基础 [119]。

港口的外迁及港口功能的转移导致了黄浦江两岸功能的变化。港口的转型与城市的复兴呈现出相互交织的影响。由于海事技术现代化、港口工业增加、港口城市港口相关就业明显下降等原因，将港口与城市其他地区分离是全球化的趋势。这一趋势可以在全球的港口城市功能变迁中得出相似的结论。技术、空间、社会经济和环境这四个因素使得港口城市中出现了从传统的水岸撤离的现象 [122]。

---

1 以上海浦东开发为龙头，进一步开放长江沿岸城市，尽快把上海建成国际经济、金融、贸易中心之一，带动长三角和整个长江流域地区的经济新飞跃。

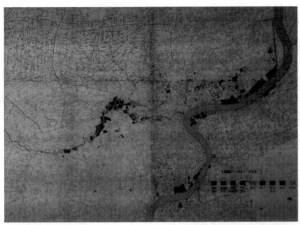

上海市工厂分类图（1930 年）

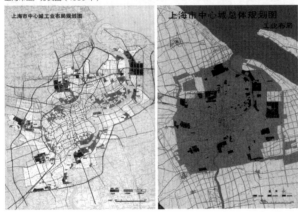

上海市中心城工业布局规划图·工业布局（1984 年）   上海市中心城总体规划图·工业布局（2000 年）

图 3-7 1930 年代、1984 年及 2000 年上海中心城工业布局图
资料来源 上海市城市规划设计研究院. 循迹·启新：上海城市规划演进. 上海：同济大学出版社，2007.

　　对于上海，城市整体功能从工业建设到金融的转型，对于港口的规划和发展产生了重要的影响；反之，港口区域及港口活动的转变，也影响了城市整体结构的进一步转变。这些互动关系包括：上海是"任意港口模型"（Bird's Anyport Model）[123] 的典型实例，展示了由于海洋运输和船只尺寸的增加，旧港区需要进行拓展和需要建造近海的新港区，例如在长江口和杭州湾。然而，旧港区已经达到了一定的饱和程度而无法再拓展，这样的问题同样出现在鹿特丹和安特卫普（Antwerp）。这种矛盾使得港口与城市发展之间的联系变得较弱。城市规划师不得不为城市创造出新的功能并将新的血液注入荒废的旧港区中。

　　随着港口的现代化（港口设施的机械化和专业化等），上海港口已经成为一个空间和资本密集型而不是劳动密集型的港口，这一点与全球港口城市的变化趋势一致。显然，它作为港口服务分配中心的功能得到了很大的增强。为了提供有效和高效的分配服务，连接港口和城市的基础设施需要得到改善。在 90 年代早期制定的一项长期发展计划中，上海被设计成为一个中国甚至是整

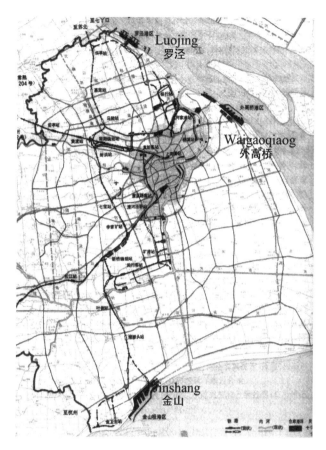

图 3-8 上海三个深水港：罗泾、外高桥、金山
资料来源：孙平 . 上海城市规划志 . 上海：上海社会科学院出版社，1999.

个西太平洋区域的国际运输枢纽（航空、铁路、港口和船舶）和信息中心。

　　上海港口的现代化使它的功能变得复杂化。港口混合着、航运业、重工业、高科技产业、免税区以及物流中心，与传统港口功能非常不同。结果是，位于港口区域和城市边界内的原始产业都从城市搬出以寻求新的增长空间，或者被城市的开发商说服为新的城市再开发让位。这种趋势赋予传统的港口地区全新的形态和形象，使其具有高科技、改善的品质以及清洁的环境。上海港口的现代化反映了全球经济发展和港口技术趋势的变化和压力。城市的策略性计划对这些需求做出了反应，并将它们包含进行动计划中来指导开发过程[124]。

　　与港口转型同时，水岸的振兴也成为另外一个策略使得上海的城市生活得以复兴以及应对国际竞争和当地需求的挑战。1993 年 1 月，上海浦东新区管委会成立了，浦东新区覆盖了超过520 平方公里的土地，并且包括 250 万的居民。浦东再开发被寄予了振兴整个上海的期望。上海试图脱掉工业的外衣重新蜕变为全国的经济中心。上海的水岸再开发提供了一个绝无仅有的重置城市形象的机会，它为上海提供了一个机会以全新的面孔来面对世界[95]。根据中央政府的战略和政策，"以上海浦东开发开放为动力，长江沿岸城市将进一步开放，并重新塑造上海为国际经济金融贸易中心，从而带动长江三角洲和整个长江流域区域经济的跨越式发展"。1990年的浦东新区开发作为上海水岸发展的一个重要节点，它将上海的城市空间发展实现由"沿江"到"跨江"的转变。从此浦东、浦西开始同时发展，黄浦江也成为真正的上海中心。黄浦江新的发展时期到来，港口外迁和城市产业结构调整，为黄浦江两岸地区的更新改造带来了良好的契机。通过两岸地区的环境改造和功能重建，从而带动城市社会、经济、环境的共同发展，对于新世纪上海的城市发展产生深远的影响[121]（图3-9）。

在20世纪最后一个十年间，上海已经迅速增长为国际大都会，增长带来了不可避免的代价。在人工业化生产的时期，上海的水道两岸布满了工业化的设施、港口码头以及仓库[114]。城市的工业活动严重污染了这些水道，因为缺少对污染的遏制，这些水道中水体的质量都很差。当时的黄浦江除了大片的旧区和老厂房、污染的江水、荒废的生产岸线，鲜有居民活动的场所。水岸受到污染，变得不宜居住。水岸与城市社会、文化与环境之间的关系也变得脱离。就像发生在西方国家20世纪60年代的场景一样，从水岸逃离变成了一时的风潮。水岸陷入了城市边缘的尴尬境地。

3.3.4 城市的转型与浦江两岸综合开发（2002—2010年）

自1990年代以来，伴随着上海产业结构、城市布局调整和国际航运的发展，黄浦江沿岸原来以工业和码头仓储为主的功能布局已不适应时代的需要，黄浦江沿岸亟须从交通运输、仓储码头、工厂企业为主转换到金融贸易、文化旅游、生态居住为主，实现从生产型岸线到综合服务型岸线的转换。进入新世纪，上海已经步入以服务业为中心的后工业化时代，城市产业结构调整继续逐步升级，以提升城市的综合竞争力。这体现在三个方面。

首先，黄浦江两岸作为城市中心区域，不能再继续承担传统第二产业的重负，必须及时向外转移。同时，城市经济的进一步发展更需要产业及时转型，"退二进三"成为城市经济可持续发展的不二选择。其次，黄浦江传统的港口作用也因为水文条件的限制而难以适应现代航运业的需要。上海要成为世界航运中心，必须要向近海深水区进军。黄浦江航运岸线的作用逐渐弱化。最后，城市中心区域滨水空间的生活化、公共化是城市建设以人为本思想的具体体现，是当代世界各国特别是发达国家城市的共同发展趋势。

城市需要对水岸的身份和功能进行重新定位。于是对黄浦江身份和地位的重新确认，成为摆在城市发展决策者面前的一个重要问题。早在20世纪80年代后期，面对逐渐严重的水岸环境问题，上海就开始着手整治城市的水岸，其中包括1997年开始的苏州河的综合整治工程。苏州河改造修复的是沿河的工业设施以及恢复沿岸的绿地，而黄浦江水岸整治计划则是一个综合性的大型水岸再生计划，与新时期的城市发展紧密相连，并将显著改变城市的特质[98]。

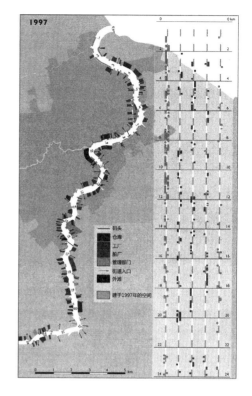

图 3-9 1997 年黄浦江上的经济活动
资料来源：Henriot C, Zheng Z A. Atlas de Shanghai:
Espaces et représentations de 1849 à nos jours.
Paris: CNRS Editions,1999.

　　受到浦东开发的启示，上海市政府决心进一步开发黄浦江两岸，以期再次推动浦东开发以及促进城市的经济增长。2005 年新港口（大洋山和小洋山）的开港使得城市河流的导航功能彻底发生转变。上海的水岸开发反映了上海城市发展的理念，即河流使用程度越大，河流的价值就越高，同样水岸开发在一定程度上也缓解了城市区域的严重拥堵。这种方法可以发掘海港贸易和水岸旅游的潜力。并且，增加水路的使用，作为一种替代的交通方式，可以减少对陆路交通的依赖。大型的港口城市，例如鹿特丹、上海以及神户将城市与港口的整合作为使用用途之间冲突的解决方案，将水岸空间看作有溢出价值的城市空间 [125]。

　　1998 年，上海 P&K 开发公司与上海港务局（Shanghai Port Authority，水岸大部分资产的拥有者）联手打造了一个适于投资的、市场化的水岸开发框架。与上海城市规划和城市研究所合作，SOM 建筑师事务所负责了再开发计划 [126]。该计划包括杨浦大桥与南浦大桥间 7 公里水岸，涵盖了 4.8 公顷的区域面积。计划通过将水岸大部分开放为公共空间而重新将城市与水岸联系起来。这项计划的另一个意义在于通过将水岸与已存在的更大区域层面的公园和开放空间系统相连接，创造出一些具有鲜明特征的街区，并赋予它们独特的地域身份 [127]。此外，通过靠近水岸的中转终端的位置以及便利的步行网络，扩展了城市的到达路径和连接方式。水上的活动创造出了水面另一个层面的活力，此次计划包含了江岸渡轮、沿海渡轮和海洋渡轮码头建设，其中包括新月大楼、大型文化聚集空间、十六铺码头、沿海客运码头和度假区[98]（图3-10～图3-12）。

随后在2000年，上海市城市规划管理局（Shanghai Urban Planning and Administration Bureau）在几乎同样的区域组织了大型国际城市设计比赛，吸引世界知名专家，其中包括SOM、Sasaki Association以及Philip Cox团队[128]。这片水岸长13.6公里，涵盖22.6平方公里区域面积，该区域被划分为四个部分——杨浦大桥区域、上海船厂区域、北外滩区域、十六铺码头以南至南浦大桥区域。配合1999—2020年的上海城市发展框架，这项计划在之后的10年间投入了大约1000亿元。该计划意图将黄浦江两岸5个区的开发整合起来，包括黄浦的主要工业区以及临近的开发程度较低的虹口区和杨浦区仓库、码头和工厂。

2002年黄浦江两岸综合开发计划正式启动，该计划包含从吴淞口到徐浦大桥的区域，河道长度约42.5公里，两岸岸线长度约85公里，涉及浦东、（原）卢湾、黄浦、虹口、杨浦、宝山、徐汇七个区[121]。其中包括中段（杨浦大桥与南浦大桥之间）、北延伸段（杨浦大桥的北段到吴淞口）和南延伸段（南浦大桥到徐浦大桥）三个区域。浦江两岸综合开发被认为是继浦东新区开发以来上海城市第二个里程碑意义的事件[124]。

为了筹备建设世博会场地，上海市城市规划管理局在2000年和2001年组织了一系列的概念设计大赛，最终邀请了三大国际领先的城市规划和设计咨询公司重新设计了黄浦江两岸沿线滨水区。黄浦江滨水区的总体规划最终决定采纳胜出团队SOM的方案。该计划进一步将黄浦江两岸分成中央区、北部延伸区和南部延伸区。中央区是项目重点，起于卢浦大桥，止于翔殷路—五洲大道，覆盖20公里河堤和22.6平方公里的面积（包括水域在内面积32.3平方公里）[129]。该地址在世博会后会被现代办公楼、商业建筑、居住建筑和休闲设施取代。该计划包括五大目标：

（1）功能改造：搬迁河堤上所有码头、工厂和仓库，建设整合居住、办公、文化、休闲、旅游和其他功能等多功能于一体的公共滨水开放区。

（2）环境保护：旨在治理工业污染，同时建设两岸绿地，以改善城市环境中的生物多样性。

（3）改善生活质量和交通状况。特别是城市与海滨地区之间的联系应该得到加强，河岸地区应该宜人且容易到达。

（4）保护城市的历史文化遗产。

（5）重建城市的空间景观。成立上海黄浦江开发集团，协调不同城区黄浦江两岸的滨水开发。

在黄浦江两岸中心区域，总计6.68平方公里的土地被定义为核心区[121]（图3-13）。核心区将分成三段：杨浦大桥与南浦大桥之间为中段，主要发展商务旅游；杨浦大桥的北段以休闲、娱乐、居住为主；南浦大桥的南段以博览、文化、居住为主。核心区中段被进一步划分为四个重点区域，四个核心区域的开发概念将整合河堤两岸作为出发点（表3-1）。

"十一五"期间，在全国"四大中心"（国际经济、金融、贸易、航运）政策框架的指引下，

图 3-10 黄浦江两岸地区核心段中区规划平面图（2001 年）
资料来源：上海市城市规划设计研究院 . 循迹·启新：上海城市规划演进 . 上海：同济大学出版社，2007.

图 3-11 黄浦江两岸地区核心段中区设计总图
资料来源：Marshall R. Remaking the image of the city Bilbao and Shanghai Waterfronts in post-industrial cities. London:Spon Press, 2001.

图 3-12 上海船厂区域城市设计（SOM 设计）
资料来源：第一届城市空间艺术季

上海将现代服务业作为上海产业结构的三大板块之一 [2]。"四大中心"的政策促进了黄浦江两岸"产业集聚区"的形成，其中现代服务业引导着黄浦江两岸的综合开发。黄浦江两岸对原有工厂、仓库、码头进行搬迁改造，积极发展金融贸易、航运、旅游、文化等现代服务功能，推广复合化的功能布局，一种新型的，以信息、知识和服务为基底，并依赖于对于人力资源获取的城市产业模式迅速崛起。这一系列举措有力地推进了城市产业空间结构的优化升级，激发滨江地区活力，使得黄浦江滨江区域得到振兴。黄浦江不再仅仅是生活、卫生和交通的功能，而是更多地被赋予了城市营销（City Branding）的新时期内涵，推动了城市与河流之间的新型关系。上海市委、市政府及时提出黄浦江两岸重新规划与综合开发的重大战略决策，并形成了专门和有效的政府管理机制。

在浦江两岸综合开发中，最核心的思想就是"还水于民，还岸于民"，使其成为城市文化、社会和市民生活的中心，成为全体市民的资产 [98]。黄浦江的水岸在很长的一段时间内被上海市民

---

2 《上海市国民经济和社会发展第十一个五年规划纲要》，把"十一五"时期要重点发展的产业分成了三大块：现代服务业、先进制造业、信息产业。其中，现代服务业包括金融业、现代物流、文化产业及相关产业、中介服务（专业服务业、会展旅游业、社区服务业等）、商贸和房地产。

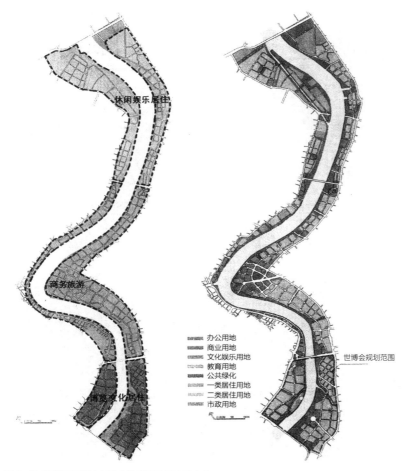

图 3-13 黄浦江两岸核心段功能分区图（2001 年）
资料来源：上海市城市规划设计研究院.循迹·启新：上海城市规划演进.上海：同济大学
出版社，2007.

表 3-1 四个重点发展区域

核心区域	主要发展概念
杨浦大桥区域	浦西区：工作及居民区 浦东区：游艇码头，将杨浦天然气加工厂改造为街区文化中心
北外滩地区-上海船厂地区	浦西区：上海航运交易所、商业区和居民区 浦东区：将上海船厂改造为海事博物馆、商业区、办公区和酒店式住宅、游艇码头、滨水区广场和黄浦江堤岸沿线公共区域
十六铺-东昌路区域	浦西区：将十六铺渡轮中心改造成水上旅游中心，连接旧上海街坊和外滩区域，将东昌路改造为商业中心或特别市场
南浦大桥区域	促进带有展览中心的新的部门发展及世博会的发展，发展文化设施，将例如江南造船厂的工业遗产改造为文化或旅游设施

视为污染且不受欢迎的城市环境。随着工业的搬迁和重新安置以及更加严格的环境控制，黄浦江的水质得以提升，黄浦江岸线由生产型转变为公共功能，黄浦江两岸滨水空间真正成为公共开放空间。此外，上海在黄浦江两岸一体化开发的宏观战略之下，一方面以黄浦江为主轴线延伸发展，另一方面也把城市遗产保护与再生运动推向了高潮。浦江开发保护两岸历史文化遗存，挖掘、延续和发扬其蕴含的城市文化传统和精神，并充分利用水体自然景观，建设反映上海城市风貌特征的、具有强烈视觉效应的滨水景观，塑造国际大都市的形象。2005 年，上海成为世界上最繁忙的货物和集装箱港口，上海与全球的资本联系变得更为紧密 [130]。

3.3.5 世博会与全球城市（2010 年至今）

自 2002 年上海启动黄浦江两岸开发工作以来，经历了两个发展阶段。一是"十一五"（2006—2010 年）期间，依托世博会带来的重大机遇，黄浦江两岸动迁了一批沿江单位，收储了一批沿江岸线码头和土地，建设了一批重大基础设施，提升了两岸环境面貌，也为后续发展打好了基础。二是"十二五"（2010—2015 年）期间，黄浦江两岸着力于推动沿江功能开发，陆家嘴金融城、徐汇传媒港、虹口航运集聚区、宝山邮轮港等区域的功能特色逐步形成，对全市创新驱动发展、经济转型升级的带动引领作用逐步显现 [131]。

黄浦江两岸综合开发在第一个十年间成效显著，黄浦江两岸的功能转型和公共空间的建设已经初见成效。上海滨江一线整体开发项目——北外滩整体开发、南外滩整体开发、西岸整体开发都已基本完成。2008 年外滩滨水公共空间的第二次改造，花费巨资将高强度机动交通埋入地下，将地面滨水空间还给步行公众。黄浦江水岸空间的积极转型，为 2010 年的上海世博会得以成功申请和举办提供了条件。同样，2010 年上海世博会的举办，也为上海以此契机完善现代服务功能提供了机会，黄浦江滨水空间也就成为前沿阵地以及空间实践的示范区 [94]。世博会加速了上海的全球化、现代化以及城市化，是上海面向全球文化极佳的展示舞台 [61]。借助上海世博会的影响力，上海的外滩也在世博会开幕前完成了其第二次改造工作，以更好地实现城市的旅游功能。在外滩第二轮改造完成后，黄浦江两岸催生了一些零星分布的建筑项目，例如，南外滩著名的老码头和十六铺码头、北外滩已完工的上海国际客运中心等。此外，2015 年与 2016 年两届上海城市空间艺术季分别带动了上海黄浦江西岸、东岸的开发。黄浦江已然蜕变为上海城市文化的主要展示平台。2017 年 8 月，《黄浦江两岸公共空间贯通开放规划》也将渐进更新、还江于民作为规划的重点，并在 2018 年初步实现黄浦江两岸 45 千米连续贯通的公共空间。开发的目的是将黄浦江面向上海市民打开，使水岸作为城市居民的资产，真正成为城市的文化、社会与市民生活的中心。

与此同时，2015 年出台了《上海城市更新实施办法》，上海面临新一轮的城市更新。在城市更新的大背景下，黄浦江是一处重要的城市公共空间。水岸的更新如何推动自身区域以及城市整体的功能转换与形象重塑，是值得我们重点关注的。作为全球经济体系中的一环 [132]，上海与

表 3-2 黄浦江两岸再开发的大事件

时间	事件	时间	事件
1986年	外滩地区综合改建规划	2002年	外滩风貌延伸段综合规划
1991年	外滩优秀近代建筑风貌保护区规划	2002年	北外滩地区（东大名路以南）控制性详细规划
1992年	浦东大开发	2003年	北外滩地区控制性详细规划
1994年	南外滩地区详细规划	2003年	外滩历史文化风貌区
1995年	外滩金融贸易区详细规划	2005年	外滩金融贸易区详细规划
1995年	北外滩地区详细规划	2005年	上海世博会规划区总体规划
2000年	上海世博会选址备选方案	2006年	上海世博会规划区控制性详细规划
2001年	黄浦江两岸核心段功能分区图	2009年	上海外滩滨水区城市设计暨修建性详细规划
2001年	黄浦江两岸重点地段规划	2010年	上海世博会
2001年	黄浦江南延伸段规划	2015年	上海城市空间艺术季带动浦江西岸开发
2001年	黄浦江北延伸段规划	2016年	黄浦江两岸地区发展"十三五"规划
2002年	黄浦江两岸综合开发	2017年	上海城市空间艺术季带动浦江东岸开发
2002年	外滩风貌延伸段详细规划	2018年	浦东东岸贯通计划

其他全球城市一起，为竞争全球资源、企业和人才而努力。通过打造以文化、休闲和健康为重点的公共空间来提高生活质量是全球城市推动滨水区域再生更新的发展策略。浦东与浦西，新与旧的上海，西方与东方，全球与上海，传统与现代，先进与落后，这一组组对立冲突的词汇在黄浦江两岸不断发生着，也不断更迭交替着，填充着这原本属于边缘的城市空间（表3-2）。

3.4 新时期黄浦江水岸空间类型

经过2002年的黄浦江两岸综合开发之后，水岸空间逐渐呈现出多样化的特征。新时期上海的水岸，不仅仅有优秀的历史街区、大量的工业遗产，还有丰富的滨江公共休闲空间，以及在新时期日益凸显的创意与文化空间。黄浦江两岸的城市空间承载了上海城市发展自近代以来的文化积淀。

3.4.1 水岸历史街区

作为上海近代城市的发源地，黄浦江两岸存有大量的历史遗存。以外滩为首，其沿江界面保存有大量完整的近代西方万国建筑群，其腹地有南京东路商业街等优秀的历史街区；北外滩内陆腹地独具特色的提篮桥街区，曾作为二战时期犹太人逃难的聚集地；西岸（原徐汇滨江）内陆腹地建于北宋年间的龙华塔，代表着上海本地的传统文化；南外滩老码头地区（图 3-14），其滨水腹地为豫园历史文化街区，有建于明朝的古典园林，与龙华塔同属于上海市文物保护单位。

围绕黄浦江滨水区的历史风貌特色和具有保护价值的历史风貌街区，两岸总体开发规划以延续城市文脉、发扬城市特色为主题，对历史资源分类制定保护利用对策。在总体开发规划基础上，滨水区分段制定了控制性详细规划。对具有保护价值的历史建筑，规划要求尽可能保护和修缮原来外观，适当更新和维护内部结构，引入适宜的使用功能。控制性详细规划同时高度关注滨水区历史风貌的整体保护，提出了历史街区整体保护的具体建议和技术规定[94]。

3.4.2 水岸工业遗产

黄浦江沿岸留存着大量具有历史文化特色的建筑物和构筑物，其中包括数量惊人的具有保护价值的市政和工业类建筑，如水电基础设施和以造船厂、纺织厂为代表的制造业设施。从用地功能结构上看，2001 年黄浦江两岸开发之初，沿线工业仓储用地共 2521.4 公顷，占总用地的37.5%。2007 年启动的第三次全国文物普查，首次将工业遗产作为专类进行保护，从而将黄浦江两岸大量厂房、码头、仓库等工业遗产纳入保护范畴，形成黄浦江两岸历史文化保护的特点和重点[133]。

黄浦江两岸区域特征明显。工业遗产丰富的杨浦滨江保留有 33 座工业遗产建筑，形成了一个核心工业结构集中区，以杨树浦路两侧居多。创建于 1921 年、前身是日资裕丰纱厂的上海第十七棉纱纺织厂，曾是全国规模最大、经济效益最好的纺织企业之一，现在已经改制为上海龙头股份有限公司。2007 年，根据上海纺织发展"科技与时尚"的战略定位，上海十七棉纺厂邀请国际知名设计公司对其原有厂房进行改造利用，改建成一个与国际时尚业界互动对接的地标性载体——上海国际时尚中心（图 3-15）。北外滩东侧的杨树浦水厂，原系英商上海自来水公司，是中国第一座现代化水厂。水厂早在 1883 年建成起开始向上海城区供水，至 20 世纪 30 年代发展成为远东最大的现代化水厂。如今，水厂仍然在为城市服务（图 3-16）。此外，世博公园、后滩公园、徐汇滨江绿地等滨水区域，都有意识地保留了部分工业时代的遗迹，如塔吊、厂房框架等，以营造地区工业文化的整体氛围[133]。工业遗产作为上海城市近现代发展的缩影，具有铭记和展现上海工业时代发展的潜力。上海的海派文化不仅体现在外滩万国建筑天际线，也体现在如今仍屹立在滨江两岸的工业遗产空间。工业遗产既是宝贵的资源，亦为滨江复兴提供了契机。

3.4.3 水岸居住空间

滨水历史地区的规划设计课题，除继承与发展历史环境空间之外，还要充分考虑市民生活，

图 3-14 南外滩老码头
资料来源：第一届上海城市空间艺术季

图 3-15 上海国际时尚中心
资料来源：第一届上海城市空间艺术季

图 3-16 杨树浦自来水厂
资料来源：上海市黄浦江两岸开发工作领导小组办公室. 重塑浦江：世界级滨水区开发规划实践. 北京：中国建筑工业出版社，2010.

即城市社会网络的设计问题。这也是城市整体性保护（Integrated Conservation）理念的核心所在。

滨江应填充部分居住功能，同时也应控制第一层面的住宅建设量，然而过多居住空间的开发会使得水岸变得私有化，也会导致士绅化现象日益显著。这体现在上海水岸空间高层住宅小区建造中（图 3-17）。所幸当私人居住空间逐渐对黄浦江两岸资源呈现侵吞之势时，我们也看到了一些为公共利益做出的努力，例如前滩地区规划的第一块公共租赁用地。如果缺失了生活功能，那么一个区域就终将因其只供瞻仰而不能使用的属性而丧失活力。滨江区域的居住功能作为居民城市权利的基础，应该被合理地尊重与分配[134]。

图 3-17 水岸居住空间
资料来源：徐毅松.浦江十年：黄浦江两岸地区城市设计集锦.上海：上海教育出版社，2012.

3.4.4 水岸基础设施

　　自古有水的阻隔，就有人们想要跨越水的尝试。浦东新区开发之前，连通东西两岸的只有 1971 年建造的两车道的打浦路隧道。1990 年浦东被纳入上海新历史时期重点开放的版图。1991 年年底，南浦大桥通车，此后，共建造了杨浦大桥、卢浦大桥、徐浦大桥、奉浦大桥、延安路隧道、复兴路隧道、大连路隧道、军工路隧道、人民路隧道、新建路隧道、外环隧道等，浦东和浦西间的连通路线达到 50 多条 [135]，包括黄浦江两岸的过江交通（隧道和大桥）、地铁、港口、航空港、内河运输等（图 3-18）。此外还有新建成的上海港国际客运中心及十六铺码头（图 3-19，图 3-20）。除了新建的基础设施，面对工业码头上的诸多"遗迹"，保留其中的一部分废旧构筑物是维持地域特征的常用手段，既减少拆除工程的施工量，使得原有材料可再利用，又可营造具有工业标志与历史记忆的城市公共空间。上海作为一个以港兴市的城市，演绎了从"滩"的自然景观到"港"的都市景观的发展变迁，已经超越了既有地理框定的文化景观，其中，近代码头遗产是上海都市文化进程的一个密码与象征符号。海派文化的包容性、变异性、统一性均集中根植在"码头"塑造的地理文化上，并且这一地理文化细胞在不断衍生、发展，最终成为一种地域性的城市文化 [136]。

图 3-18 1914—1998 年过江方式的变化
资料来源：Henriot C, Zheng Z A. Atlas de Shanghai: Espaces et représentations de 1849 à nos jours. Paris: CNRS Editions,1999.

图 3-19 北外滩游轮码头
资料来源：徐毅松 . 浦江十年：黄浦江两岸地区城市设计集锦 . 上海：上海教育出版社，2012.

图 3-20 十六铺码头
资料来源：徐毅松 . 浦江十年：黄浦江两岸地区城市设计集锦 . 上海：上海教育出版社，2012.

3.4.5 水岸文化空间

　　新时期黄浦江艺术与文化空间的塑造更多地体现在与工业遗产改造的结合。黄浦江两岸的大量工业厂房风貌并不突出，但建筑结构牢固，空间可塑性强，适于改造成为对于空间需求较大的艺术展览类建筑。设计者们正在寻找一种文化可持续的方式，这使营造地域特征成为近年来更新改造项目的一个重要方法。与国内传统城市更新中的修旧如旧、大拆大建相比，后工业景观的地域特征再塑，是融景观生态及经济、文化重建为一体，不仅保留了区域特有的工业景观特征，同时还赋予其新的内容，将原有的工业废弃环境改造成为一种良性发展的动态生态系统。

对于工业遗产的再利用，除将破旧厂区改造成为创意产业园区这种成片式的改造之外，也有大量的工业遗产单体被改造成为博物馆、艺术馆，承担城市的文化艺术功能。这一现象在黄浦江两岸变得愈发明显，继世博园区大量工业建筑改造之后，在黄浦江两岸的再开发过程中，黄浦江西岸原北票码头、黄浦江东岸的八万吨筒仓等老建筑也历经了改造，蜕变为艺术展示类建筑（图3-21～图3-27）。

3.4.6 水岸公共空间

黄浦江临江第一层级应该以公共功能为主。临江的界面应为公共空间，而不是被私人物业占据，从而保证一定的公共可达性（这一点在波士顿的滨水政策中被强制规定）。例如，在上海船厂地区的规划中，将滨江第一层面建筑调整为商业、文化、办公设施，丰富了公众活动空间内容，使滨江绿地最大限度向市民开放。又如，黄浦江南延伸段龙华机场地区（WS5 单元），规划提出建设以商务功能为主导的滨江复合功能区，规划第一层面建筑以公共建筑为主，并建立与滨江绿地的通道联系和主题互动，滨江水泥厂地块改造成富有吸引力的文化娱乐活动中心，提高了滨江空间的开放度与活力[94]。目前黄浦江东岸美术馆至艺仓美术馆之间已经基本完成浦东的 45 千米岸线贯通（图 3-28），其余沿江各部分也有不连续的滨水公共空间，例如世博公园、后滩公园、滨江公园、十六铺游船空间、黄浦滨江绿地等，这些零散的空间也被包含进未来更大规模的贯通计划中。将城市公共空间系统串联，可以使市民对于水岸资产的享有空间保持最大化。

3.5 新时期城市更新语境下黄浦江两岸发展的特征与冲突

3.5.1 地理空间定位与文化心理认同的冲突

自近代以来，黄浦江沿岸区域的发展，在其地理空间定位上及居民的文化心理认同两方面，都呈现出"中心—边缘—中心"的特点，伴随着沿江和跨江两个层面水岸空间和功能的改变与迭代。

一方面，上海傍黄浦江而立，依黄浦江而兴。城市由黄浦江河流分割而成两大片区，浦东与

图 3-21 上海当代艺术博物馆
资料来源：第一届上海城市空间艺术季

图 3-22 上海船厂艺术馆
资料来源：第一届上海城市空间艺术季

图 3-23 龙美术馆
资料来源：西岸集团提供

图 3-24 西岸艺术中心
资料来源：西岸集团提供

图 3-25 艺仓美术馆

图 3-26 民生码头八万吨筒仓改造前
资料来源：徐毅松．浦江十年：黄浦江两岸地区城市设计
集锦．上海：上海教育出版社，2012.

图 3-27 民生码头八万吨筒仓改造后

图 3-28 黄浦江浦东滨水公共空间

浦西。城市起初的发展只是在黄浦江西侧，黄浦江因其江涛天堑而成为上海难以逾越的屏障。外滩，既是上海的中心，也是上海的边缘。曾几何时，浦东浦西两重天，南京路的喧闹到黄浦江边戛然而止[135]。河流对于城市发展格局的影响，使得城市沿着黄浦江西侧迅速向西发展，而南北的贯通成为阻碍。1987 年上海陆家嘴轮渡站踩踏事故，使人们对跨江蒙上了一层心理阴影。城市选择背对着它的水岸，直到 1992 年浦东的大规模开发，才从地理上改变了水岸的中心性和重要性[128]。城市的发展得以跨江而行，黄浦江链接了浦西和浦东，使得黄浦江两岸区域在上海市域范围内真正成为城市的中心。

另一方面，黄浦江的发展引领着时代风潮，见证着城市变迁，两岸地区积淀了深厚的文化底蕴，长期以来被作为上海城市的象征。20 世纪 30 年代，在作为远东大都会的上海，在外滩散步一度成为年轻人的时尚风潮；20 世纪八九十年代外滩的防汛墙被称为"情人墙"，承载了一代上海青年的浪漫记忆。这是对于上海城市文化认同的重要组成部分。然而，浦江的另一侧却呈现出另外一种情景，仓库和工厂遍布，全然没有远东大都会的风采。黄浦江不仅是一个自然屏障，在浦东人心目中还是一个心理屏障。"浦西人"含有城里人的意思，而"浦东人"成为含有乡下人的代名词[137]。民间甚至流传着"宁要浦西一张床，不要浦东一间房"的说法，形象地说明在市民心理认同中浦东与浦西的天壤之别。近代居住在浦东的上海县境内的居民为显示与浦东非上海县人的区分，一般自称"本地人"，而非上海县的南汇、川沙县人则自称"浦东人"，在当时人们眼里，黄浦江还是"上海"和"浦东"的分界线，从浦东渡浦称为"去上海"。地理空间上的冲突与阻隔，导致了浦江两岸发展的不均衡。浦东、浦西经济文化发展极不平衡，黄浦江两岸区域特征鲜明，黄浦江两侧呈现出新与旧的对比反差。一个近代大都市在黄浦江对岸兴起，近代浦东人感受到的则是一种生活方式的差异、一种文明转换过程中的落差、一种西方式的城市文化对中国传统农工商业生活的巨大冲击[138]。

然而，1949 年后上海城市工业化定位转变，沿江地区也被工厂等设施占据，20 世纪八九十年代开始的浦江两岸去工业化过程也使得江边成为破败工业遗留场所的代名词，沿江公共空间的市民性得到极大削减。然而处于边缘的地带是最容易受到人们忽视的地带，但也是最容易滋生出活力的地方。随着 90 年代浦东大开发以及 2002 年的浦江两岸综合开发，黄浦江摆脱了日渐边缘化的发展态势，作为上海产业和空间发展主轴线的地位进一步强化。随着地理空间发生改变，水岸从被人们忽视的边缘又回到了城市生活中心，也在很大程度上改变了人们对于浦东与浦西的心理认知。

3.5.2 城市功能的变迁与水岸原有空间的冲突

随着城市中心区去工业化过程的进行，黄浦江边工业的职能被解放出来，从生产岸线向消费型岸线转移，去工业化是伴随着上海水岸发展的全域而进行的。黄浦江的再开发担负着城市产业和城市空间重组的重任。然而由于历史原因，上海市区段的黄浦江两岸长期以来被物流仓库、装卸码头、修造船基地和各类企业所占据，不仅造成土地资源的浪费和生态环境的退化，更成为导致滨水区景观形象衰败、阻碍市民靠近黄浦江畔的主要原因[139]。衰败、污染的水岸环境不仅阻碍了市民们对水岸的接近，同时也对新资本的注入造成了障碍。水岸工业化时期遗留的空间显然并不适合直接承载新的城市功能，这也成为新世纪之初水岸想要成功转型的最深刻矛盾，也将会是未来水岸空间进一步调整升级的主要矛盾。

3.5.3 线性水岸空间与区域性节点的冲突

由于行政区域的划分，黄浦江水岸发展的特点呈现出区域化、分区域特征差异大等特点。水岸区域发展呈现出"个案化"的特点，这与其地理位置上的差异有关系，更重要的是，与上海的城市结构（行政区域的划分等）与整体城市发展的策略有关[119]。由于中国的行政区划以街道为单位，因此线性的水岸往往会跨越几个不同的街道行政区域，由此产生的冲突和矛盾也将会大大增加。黄浦江沿岸的水岸更新不能一蹴而就，更不能以同一标准待之。同时水岸各个区域的定位也有不同。外滩—陆家嘴地区，是上海城市的传统经济发展集聚区；杨浦滨江以工业建筑集中闻名，目前正在经历从一个密集的工业基地向创新商业示范中心的转变；北外滩的更新定位承担交通运输、国际贸易金融等方面功能；东外滩结合杨浦整体教育资源，进行研发与创新；南外滩定位中高端商务商业及多媒体文化发展；西岸（原徐汇滨江）成为艺术和文化产业的目的地，同时也是新型休闲娱乐的滨江区域。

同时城市发展的阶段有先后之分，可以看到水岸区域的空间肌理也呈现出明显不同，南外滩和北外滩的城市空间机理明显不同。浦江两岸的开发分重点、分步骤。黄浦江两岸的水岸塑造也应该呈现出多层次，将每个水岸区域节点进行清晰的特征定位，同时水岸在地理空间上从沿江到内陆需逐层过渡，并与自身的内陆区域特点相结合，创造出统一而又多样性的水岸空间。

3.5.4 历史文化遗产保存与城市发展的冲突

产业遗存的更新与再利用是一个世界性课题。滨水区是城市生态与城市生活最敏感的地区之一，具有空间开放、形态丰富和功能复合等特征。而产业类遗存所携带的历史文化信息是体现城市文化传承与城市空间特色的重要载体。城市空间的演进过程中，无论是精神文化还是物质文化，都是一方面来自历史文化的延续和积淀，另一方面又随着时代的发展不断演进。

作为通商口岸以及工业城市，上海城市结构中遗留了大量的历史建筑以及工业遗产。21 世纪初，黄浦江两岸地区的综合开发为两岸沉寂已久的历史空间带来了重生的机遇。在全球化新时期，黄浦江两岸的城市形象日新月异，同时也存在着对比和冲突，我们看到上海在探求和重塑自身现代性中所做出的平衡与努力。面对全球文化与本地文化的冲突，如何应该正确处理遗产保护与新开发地块之间的矛盾，处理好不同类型功能的建筑之间，新老建筑之间、建筑与环境之间的协调关系是值得重点探讨的，过度开发与过度保守的方式都应该避免。从整体功能选择来看，超过 50% 的用地正被转化为公共服务功能，历史工业仓储被新的现代化功能取代。黄浦江滨水区规划编制和实施在各个层面上强调了对历史空间的保护，对不同类型和现状功能的历史资源均予以重视，较好地反映了滨水区域城市文化的发展足迹。规划实施过程中，历史空间自身的整体性及与环境的协调性得到重视，规划编制设计注重现场调查和操作实施，历史文化空间保护工作因而得以顺利推进。

黄浦江两岸规划在保护单体建筑的同时，同样注重整体历史环境的保护。历史建筑群体及其限定的外部空间，共同构成历史地区的整体环境。历史环境较之单体建筑更易创造出整体性的历史文化氛围。因此，在历史建筑较为集中的地区，规划有意识地扩大保留建筑的范围，将一些相对平淡但对于塑造整体空间环境发挥作用的一般历史建筑纳入保护范围，从而形成具有一定规模、风貌较为完整的历史地段，完整保留地区风貌。除了历史建筑、构筑物、历史环境等物质要素，规划中还有意识地挖掘和保留历史形成的非物质要素。在设计中，通过在原有区位上保留与之紧密联系的空间载体，维护场所中最鲜明的标志物及空间氛围，令城市记忆历久弥新[133]。以"还江于民"为核心原则的黄浦江滨水区开发在强化浦江两岸公共活动特征的同时，也提出高度关注两岸历史文化资源的发掘和风貌特色的延续，尽可能避免因过度开发而导致的建设性破坏。

3.5.5 单路径的规划设计与多维度的利益主体的冲突

由于黄浦江两岸土地权属的性质以及空间的重要性战略地位，黄浦江两岸是上海城市中典型的权力空间。强烈的自上而下的规划和设计色彩，不可避免地使得浦江两岸空间多样性产生的机会大大减少。尽管在当今人民城市建设的背景下，上海黄浦江两岸公共空间的多样性得以大幅提升，例如出现了满足市民日常生活需求的杨浦滨江南段等区域。然而权力空间演变的单向性与多维度利益主体的需求之间的冲突依然是值得认真考量的。

其中，黄浦江两岸土地、房屋权属主体多且关系复杂，开发回旋余地小，要适应区域整体开发的要求，发挥好协同效应，难度很大。下游沿江企业外迁遥遥无期，规划实施困难重重，一些部门和单位为了短期利益最大化不断试图改变规划，滨江地区规划公共空间有不断被蚕食的趋势。还有一些项目条件不成熟便急于开发，为求得开发成本平衡又不得不屈从于开发商的利益诉求，加剧了土地经济效益最大化的倾向[135]。产业发展产生的"自上而下"的外部压力以及"自下而上"的对于产业空间集聚的自我需求，这对矛盾推动着滨水空间的变迁[113]。此外，自上而下的政策与自下而上的市民反馈也形成另外一对冲突，也就是权力空间与市民空间之间的冲突。滨水区的再生涉及多个维度，不能仅仅从单一维度考虑。如果仅仅看到了一些可以利用的价值，那将是短视和片面的。应该于现有的规划框架下寻求更多的空间可能性，以满足不同维度的需求。

3.5.6 全球化背景下全球与本地城市发展模式的冲突

全球化背景下，举办大型竞赛，外来文化资本、文化思想的植入，都对中国本土文化、思想造成了冲击。国外的规划思想、观念体系对于本土历史文化遗存规划体系的适用度需要进行进一步的评估，而不能一味照搬，同时应该发展出适合于本地城市水岸特色的发展模式。

3.6 小结

黄浦江作为上海城市空间发展的轴线，无论是老城厢的城垣、外滩的建筑，还是工厂、港区，都见证了上海这座城市从一个手工业商业城市发展为港口工业城市以及新时期的全球城市的历史变迁。

作为一个重要的港口城市，城市功能的转型和港口功能的变迁都推动了城市与河流的新型关系的产生。从水岸撤退为新港口的发展创造了经济机遇，废弃的港区虽然给城市管理者和规划者带来了严峻的挑战，但同时也带来了绝无仅有的发展机会。随着港口和城市发展的再次交汇，滨水开发"要求规划体系和管理部门应考虑到更广泛的因素而不是投资短期的经济回报"[122]，同时满足经济、社会、环境、文化的需求是一个微妙的平衡。这与新时期更大范围内的城市更新政策是相一致的。

另外需要注意到，在港口—城市关系转型的过程中，文化起到了重要的作用。上海以海派文化为特征，意思是开放的、宽容的，容易接受外来影响的。黄浦滨江的再开发之际正是上海受到全球化冲击之时，这不难理解，为何很多新奇的建筑形式会有意无意地直接被转移并嫁接在上海的本土上，这种"全球化"的形象是意味着上海的新身份还是代表上海在现代化进程中丢失了原有的身份，在转型过程中上海对于新身份的接受程度如何？在全球化的冲击下，城市在经历转型和现代化的同时，通过黄浦江两岸的再开发，上海城市在寻找自己独特的新身份。

同时，水岸再开发反映了国家和地区特色的影响。上海的滨江土地性质的权属，以及开发的路径的单一性，极易产生相似而单调的滨江空间。如何在上海新时期的语境下来讨论滨江空间塑造的多种可能性，是我们应该关注的问题。因此研究水岸空间需要从一个包容性的多维度的视角去观察，不仅要追溯其城市区域的历史，更要结合其空间的物质特征去分析，才能最终得出具有文化意义的城市水岸再生的策略与原则以及符合当今城市更新语境下的价值判断。

第4章
以历史遗产保存为特征的水岸再生
——上海外滩

CHAPTER 4

4.1 外滩水岸区域的发展历史

上海外滩建立于上海公共租界内，这条线性的区域从爱多亚路（今延安东路）南端延伸至外花园桥（今外白渡桥）。1845年《上海土地章程》西式建筑正式进驻上海滩。外滩，开始由污水横流的黄浦滩转换成为近代上海的标志。西方势力对权力的分割集中在黄浦江周边，因其可对外也可对内的天然的地理位置优势，第一片法租界选在黄浦江和苏州河的交汇处（图4-1）。外滩原来是鸦片战争后1843年建立的英国开放口岸的所在地。

从19世纪中叶到20世纪20年代，外滩沿岸建造了一批具有高价值的历史建筑群，其中大部分是银行和国际企业的上海总部。20世纪30年代，外滩已成为远东最大的金融、贸易和信息中心，并以沿滩排列的一组欧洲古典建筑群勾勒出了近代上海的天际线。20世纪30年代，外滩成为东亚最负盛名的国际公共空间。1949年后，外滩区域逐渐成为行政中心。90年代初，上海市政府将外滩建筑列为市级文物保护单位，国际金融机构重返外滩，外滩由行政中心开始向金融中心转变。与黄浦江东岸陆家嘴的建筑群一起组成了上海的金融集聚区。与此同时，在20世纪90年代和21世纪第一个十年内完成了对于外滩滨水区公共空间的两次改造（图4-2）。上海的外滩滨水更新是20世纪90年代发展起来的，是城市具有象征性意义滨水界面的公共空间干预[140]。

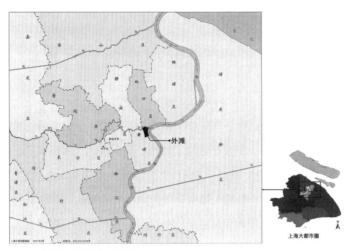

图 4-1 外滩在上海的地理位置

图 4-2 外滩演变的历史（1880—2018 年）
资料来源：常青 . 大都会从这里开始：上海南京路外滩段研究 . 上海：同济大学出版社，2005；叶贵勋 . 循迹·启新：上海城市规划演进 . 上海：同济大学出版社，2007；上海市黄浦江两岸开发工作领导小组办公室 . 重塑浦江：世界级滨水区开发规划实践 . 北京：中国建筑工业出版社，2010.

4.2 外滩水岸再生的空间层级

4.2.1 外滩近代沿江城市界面的形成

上海在 1264 年成为嘉兴府华亭县的一部分。彼时正是宋朝（960—1279 年），江南地区的商业活动十分繁华。为保护本地区免受海盗侵扰，1553 年建立了城址，随后成为上海的核心。尽管上海在中国的政治层级级别较低，但清朝外交政策的变化导致上海成为长江三角洲的主要贸易港。1842 年上海作为通商口岸开放后，英国人、美国人和法国人分别在 1843 年、1848 年和 1849 年建立了租界。这些租界沿着黄浦江西岸和上海县城城墙以外的区域进行划分，同时被两个自然水体洋泾浜（今延安东路）和苏州河隔开。1863 年，英国和美国的租界合并为上海公共租界，而法租界则保持独立（图 4-3）。《上海土地章程》规定了英国租界的边界，这也是土地开发的纲领性文件。为确保河流的公共性，"出租人必须修复并改造从洋泾浜北侧沿黄浦江河堤的大路，这之前是一条倾倒谷物垃圾的纤道"。到 1848 年，这条纤道变成了宽约 9 米的公路。19 世纪 50 年代，超过 10 座码头在各自工厂前落成，苏州河和洋泾浜上也建立了两座大桥，连接起三个租界。从那时起，外滩成为上海最重要的南北大动脉 [141]。外滩两旁建立起大量二至三层的平房，用作办公室和住宅区。19 世纪 60 年代，令人惊叹的美景让外滩从孤立的环境中脱颖而出。

随着外国租界的繁荣，外滩的基础设施逐渐进步。1862 年，外滩的主干道被授名为"扬子"。为解决黄浦江淤积问题，上海公共租界工部局在 1864 年开始收回外滩。外滩向东扩展，在工厂建筑的靠江外围建成了约 9 米宽的车道，及 2.4 米宽的步行道。外滩沿线的码头数量从 10 个增至 12 个。为美化外滩，人行道沿线栽培了一列树木并安装了路灯。1868 年，外滩的魅力随着外滩公园（今黄浦公园）的开放而进一步提升，它建在苏州河入黄浦江口的一块填海地上。10 年后，一块绿化带形成了，将繁忙的码头和主干道分开，自 1887 年以来，道路逐渐被沥青覆盖 [142]。人们的注意力不仅仅被宽阔的水岸人行道和开阔的水岸空间所吸引，道路两旁连续的异国建筑也惊艳了人们的眼球。旧的低层建筑逐渐被中高层建筑取代，外滩成为"东方华尔街"。

在 1846—1865 年，外滩经历了频繁的整修，建设工作由道路和码头委员会管理。随后该委员会解散，外滩的建设工作由上海公共租界工部局所取代。如何利用外滩一直是发展上海公共租界关注的焦点。19 世纪 60 年代晚期，出于经济利益考量，人们提出建设新渡轮码头的提议，以便外滩沿线的汽轮通行。然而，该计划因新码头设施可能引起污染问题而被迫终止。据记载，外滩是当时上海唯一可以呼吸到黄浦江新鲜空气的景点。因此，人们认为应该保留外滩的自然景观和人文景观，既能作为公共景点，又能维护这个港口城市的卫生。由于公众的关心，外滩得以从一个功能性堤岸发展到宜人的步行道。20 世纪早期，外滩毫无疑问是外国社区在中国土地上最高成就的代表 [143]。

外滩界面的形成分为三个时期：第一期界面（1840—1850 年）；第二期界面（1860—

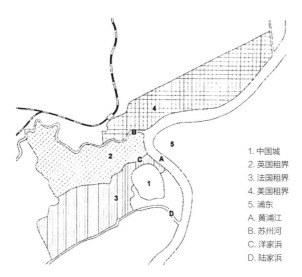

1. 中国城
2. 英国租界
3. 法国租界
4. 美国租界
5. 浦东
A. 黄浦江
B. 苏州河
C. 洋家浜
D. 陆家浜

图 4-3 上海的外国租界与河流的关系示意
资料来源：作者译自：Yu, C. Regenerating Urban Waterfronts in China: The Rebirth of the Shanghai Bund// H. Porfyriou, M. Sepe. Waterfronts revisited：European ports in a historic and global perspective. New York, NY：Routledge, 2017.

1910 年）；第三期界面（1920-1940 年）[144, 145]（图 4-4，图 4-5）。第一期界面形成期是在开埠之初，八家洋行构建了沿外滩最早的一批建筑。到 1849 年，新建的洋房已经在沿江连接成片，加上上海道设立的江海北关和英领事馆，最初的外滩界面形成了。最早的一批洋行建筑都是简易的坡顶楼房，高不过 2 层，显现出东南亚殖民地外廊风格。"没有外国建筑师参与，图样由侨商自行绘制，又为了适合就地取材和中国技术而由中国营造商加以修改，房屋结构简单"[110]。第二期界面形成期是外滩地价上升的时期，花园与空地相继被开发成为新的建筑基地，部分租地被划分成更小的地块转租给他人。建筑密度加大，外滩界面变得更加连续，较大规模的建筑出现并逐步增多。外滩源地段的英领事馆（1873 年落成）和新天安堂（1886 年落成）是这一界面中保留至今的另外两座建筑，这个时期外滩源是外滩的最北端。第三期界面形成期是外滩大规模重建的时期，在 1920—1930 年期间尤为明显，也是上海"摩登时代"的开始。资金投入伴随着外滩地价飞涨，银行大楼成为外滩建筑的主流。到 20 世纪 30 年代，外滩高楼林立，外滩北端也已经突破苏州河，装饰艺术风格的上海大厦成为外滩的最北端。中国银行大楼的落成标志着外滩界面三期变迁的尾声。至此，外滩天际线及外滩建筑群的整体格局在历经此三个阶段的发展变迁后已基本形成（表 4-1）。

　　1949 年后外国社区陆续撤离上海。外滩沿线具有异国情调的建筑由新政府接管，逐步成为各个政府机构所在地。例如，在 1955 年香港上海汇丰银行（HSBC）在离开上海后一年内，其外滩 12 号的建筑就被上海市政府接管作为办公楼。在外滩沿线，带有半殖民地时期印迹的建筑

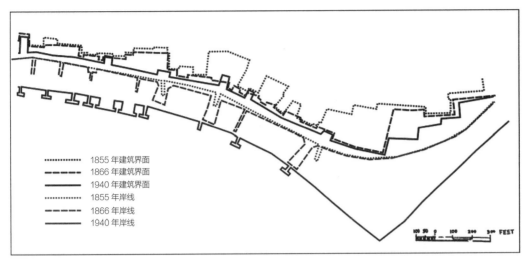

图 4-4 外滩建筑界面与岸线分析 (1855 年、1866 年、1940 年)
资料来源：张鹏 . 近代上海外滩空间变迁之动因分析 . 东南大学学报 (自然科学版)(S1), 2005：252-256.

图 4-5 外滩的沿江界面的演化
资料来源：Denison E. Building Shanghai : the story of China's gateway//Ren G Y. Chichester.West Sussex:Wiley-Academy, 2006.

要么被拆除，要么加以伪装，外滩步行道的名称也从"扬子"改为"中山"（以现代中国之父孙中山命名）。20 世纪 50 年代，政府提出 5 轮翻新计划，以便促进外滩的交通输送能力。然而，由于上海当时的发展过于迟缓，没有一件计划得以实现。讽刺的是，结果是外滩滨水区特色原封不动，郁郁葱葱的绿树遍布整个步行道。

1978 年的改革开放政策使得上海的城市建设进程加速了。作为上海的前金融中心和现政治中心，外滩的目标在于促进这座中国最大城市的城市化进程。对于外滩文化的认知也在逐渐发生转变，人们相信，外滩会从上海的耻辱变成上海乃至全中国的骄傲。1993 年，上海市政府提出

表 4-1 近代外滩沿江界面的演化

时间及名称	相关活动	平面及沿江立面
1857年 外滩建筑界面	■ 管理机构 □ 贸易公司 ■ 仓库 ■ 未明确的用途 ■ 银行	
1907年 外滩建筑界面	■ 管理机构 □ 贸易公司 ■ 俱乐部 ■ 保险公司 ■ 办公建筑 ■ 银行 ■ 媒体 ■ 航空公司 ■ 未明确的用途	
1939年 外滩建筑界面	■ 管理机构 □ 贸易公司 ■ 俱乐部 ■ 保险公司 ■ 办公建筑 ■ 银行 ■ 媒体 ■ 航空公司 ■ 杂项	

资料来源：作者译自 http://www.virtualshanghai.net/Maps/Collection

了重建外滩的计划（重建外滩），意在重建其金融中心的地位。外滩周围地区被指定为上海中央商业区（CBD）。上海市政府于 1994 年 8 月 23 日通过了置换计划（Exchange Plan）。根据本计划，自从 20 世纪 50 年代受政府机构占领的外滩建筑将全部腾空并租给金融机构和其他指定机构。1994 年 11 月，上海市政府成立上海外滩房地产置换公司（Shanghai Bund Real Estate Exchange Company）执行此任务。为执行置换计划的第一步，上海市政府于 1994 年 7 月 1 日从外滩 12 号（原汇丰银行）搬出。此建筑从 1956 年起一直用于市政府办公楼（市府大楼）。1996 年 12 月签署置换协议之后，上海浦东发展银行成为这座历史建筑的新租客。为了让这座 1923 年建立的纪念性建筑重获荣光，政府提出了为期两年的翻修计划。截至 1999 年，中山东一路沿线的共 19 座建筑均完成了置换，其中 14 座出租给金融机构[146]。近代以来，外滩的空间实现了从金融中心—行政中心—金融中心的转变。

4.2.2 外滩滨水公共空间割裂与回归

外滩滨水区即外滩建筑群东侧滨江公共空间，北起苏州河，南至十六铺客运中心北侧边界，总用地面积约 15 公顷。外滩滨水区是上海市最具标志性的城市景观区域，同时也是城市中心最重要的公共活动场所之一[133]。外滩滨水区早在 20 世纪 30 年代就已成型。后经过了 1993 年及 2007 年 2 次大规模的整修。

1. 1988 年综合改造

为了进一步改善外滩地区交通，提高黄浦江防汛墙的防洪能力，1986 年编制了《中山东一路市政交通综合改造计划》，提出黄浦江防汛墙标准按千年一遇的标准设计，在苏州河上建闸桥，外滩防汛堤顶标高由 5.8 米提高至 6.9 米，墙体分段外移 6 米（黄浦公园段）、14 ~ 25 米（北京东路至延安路段）、43.5 米（新开河段）；同时，搬迁了北京东路至延安东路之间的所有码头，调整了延安公路至新开河之间的各单位自用码头，以及上海港务局、上海海上安全监督局、长江航运局等公务码头、并新建金陵东路轮渡站，取代了延安东路轮渡站。中山东一路规划改建为 10 车道，并保留延安路人行天桥，新设福州路、南京路、北京路 3 条地下人行通路。道路和绿带总宽度为 56 ~ 93 米。1988 年，编制了《外滩地区综合改造规划》。规划于 1992 年实施，改建后的外滩，10 个车道通行无阻，形成了苏州和口至新开河长达 2 公里的南北交通干道，外滩广场、人民英雄纪念碑、观光平台、外滩公园和滨江绿带成为上海市民和中外旅游者纪念瞻仰和观光胜地，1994 年被评为上海十大新景点之一[121]。

2. 1993 年重置计划

1993 年，上海市政府提出了重建外滩的计划。作为公共空间改造项目，是整个历史城市中心计划中的一部分。由于考虑到土地面积的增加，重建工作分两期发展，一期在 1992 年完成，二期在 90 年代中期完成 [140]。

它的第一期建造了一个 711 米长 7 米高的防洪墙，可防止百年一遇的高位洪水，并支撑着一个 15 米高的公共空间平台，并用一条林荫大道与 11 条行车线相隔开。公共空间的改造同时解决了交通拥堵问题，通过使车流量翻倍，并创造出更为宽松的步行区域，同时混合着小型的绿植区域。然而它的高差阻碍了外滩建筑立面与河流之间的现有直接关系。与河流平行的汽车交通量的增加也在黄浦江水岸和历史城市之间形成了强大的屏障。改造行动在整体上是公开规划设计和建造的。外滩滨水更新中的防洪墙体工程的建设，对整个现有的城市空间结构产生了直接的影响，因此是城镇一体化（City-Town Integration）的一个例子，也是市政规划和工程服务的关键环节 [140]。

尽管这次外滩重建引起了各方激烈讨论，但是毫无疑问重建外滩计划的确促进了交通运输能力和抗洪能力。外滩沿岸 31 艘渡轮腾出位置，使外滩得以向东扩展了 80 米。中山路，包括今天的中山东一路和中山东二路，由四车道改为十一车道的快速干道。在最北端，上海吴淞路闸桥于 1991 年建成，取代了以前横跨苏州河作为连接主干道的外白渡桥。在中山路和延安路的交会处，延安高架快速道于 1996 年建成，引导老城中心的车辆前往外滩。巨大的快速干道出口阻塞了通向外滩的视野，当地人开玩笑称其为"亚洲第一弯"。为了在台风季阻挡洪水，形似容器、高于街道水平面 3.5 米、长约 1.5 千米的巨大人行堤岸，毗邻著名中山东一路被建立在河流沿线 [98]，可以充分保护上海免受百年洪水的侵袭。

与对外滩建筑保护的热情相反的是，外滩原来的景观元素在此次翻修计划中被遗弃。为拓宽道路留出空间，步行道沿线的茂盛植被被移除，随着城市的快速发展，林荫道变成了拥挤的交通动脉 [98]。1907 年建成的外滩信号塔被东移了 22.4 米。与此同时，新一层蕴含社会主义意识形态的景观被布置在外滩。1993 年人民英雄纪念碑落成，以纪念自第一次鸦片战争以来为解放上海而牺牲的英烈。广场上矗立着上海第一任市长陈毅的铜像，广场也正式以陈毅的名字命名。堤岸上也开放了观景甲板，让人们追忆正在消失的水岸生活。

第一次的外滩公共空间的重建无疑更多是出于经济利益的考量。这与当时城市发展大的策略也是紧密相关的，在改革开放的背景下，20 世纪最后一个 10 年，上海城市步入了高速增长的时期，似乎一切建设活动都是以经济利益为前提 [61]。该重建计划在解决上海交通问题和保护上海免受洪水侵袭方面无疑是成功工程案例，然而在社会和人文层面上的考量明显是欠缺的。项目功利主义的方式却导致了一些不良后果。拓宽后的快速干道带来了通向外滩的大量交通负担，不仅加剧了该地区的空气污染和噪声污染，而且切断了通向滨水区的行人通道，对外滩步行体验带来了负面影响。巨大的堤岸完全阻隔了行人欣赏河流美景的视野。堤岸和人行道之间的巨大落差以及堤顶的有限空间让外滩很难在节假日容纳大量游客。外滩成了一个被车辆支配的地区，正如快速发展

图 4-6 2007 年 12 月改造中的外滩
资料来源：Yu C. Regenerating Urban Waterfronts in China:
The Rebirth of the Shanghai Bund// Porfyriou H, Sepe M,
Waterfronts revisited : European ports in a historic and
global perspective. New York, NY : Routledge, 2017.

图 4-7 改造后的外滩
资料来源：Marshall R. Remaking the image of the city Bilbao
and Shanghai// Marshall R. Waterfronts in post-industrial
cities. London:Spon Press, 2001.

中的外国城市，而不是人们休闲娱乐的场所。永不停歇的车流伴随霓虹灯闪烁的建筑背景形成了一幅奇特的画面，象征着社会主义中国的现代化外滩。

3. 2007 年重建工程

第三次外滩滨水区的更新发生在 2010 年上海世博会之前。上海在 20 世纪 90 年代的崛起吸引了全世界的目光，其城市远景规划也在 2002 年再次改变。当年上海赢得了主办 2010 年世博会的机会，利用文化事件的契机来进一步的完成上海城市更新。2007 年 4 月，上海市政府批准了外滩地区的综合改造项目，并在当年进行了改造国际方案征集。在仅仅 10 年时间内，外滩再次经历了又一轮的大规模改造。这次的外滩重建是为了一个更雄心勃勃的目标——筹备上海 2010 年世博会。外滩的文化价值被突出强调，回应世博会的主题"城市，让生活更美好"。正如上海市政府所称，外滩应该归还人民。外滩区域的重建计划是 2002 年开启的上海城市滨水区综合复兴计划的重头戏。更重要的是，该计划还与其他三个滨水区融合，这些滨水区由黄浦江和苏州河分成几个部分。为了恢复外滩的昔日荣光，所有临近的滨水区也加以"外滩"命名，包括杨浦区南部的东外滩，苏州河北部的北外滩以及延安路南侧的南外滩[143]。

为了将外滩归还人民，重建计划的第一个也是最重要的行动是减少地面的交通车道。2008年美国 CKS（Chan Krieger Sieniewicz）建筑事务所获得了外滩沿江面 1.8 千米再开发的设计竞赛的第一名，来替换现有的抬高的水岸人行步道以及 20 世纪 90 年代沿江 10 车道的高速车道。这项设计方案将行车道减少为 4 车道的林荫大道，并将其他的 6 个车道埋入地下，同时提供了一个社区公园，一个 200 米长的驳船公园（Barge Park），以及折叠的景观平面并在重叠之间设置公共亭台[147]。

图 4-8 外滩延安快速干道（现已拆除）
资料来源：The Forum For Urban Design. Shanghai: explosive growth. New York：Forum For Urban Design, 2006.

外滩隧道的建设始于 2007 年 7 月并于 2010 年 4 月竣工。在一个密集的历史保护区建设如此复杂的工程可以说是一个工程学的奇迹（相对于工程项目类似的美国波士顿的大开挖工程，其历时 24 年之久）。外滩地面道路从双向 11 车道改成双向 4 车道，主要是出于对公共交通的考虑（图 4-6，图 4-7）。外滩地下建设了双层隧道，该隧道长 3.3 公里，南起老太平巷，途经中山路，穿过苏州河，延伸至东大名路、吴淞路并抵达海宁路。2008 年，在工程开始不到 2 年后，外滩延安快速干道（图 4-8）、上海吴淞路闸桥被拆除 [61]，清除了阻挡河流景色的视野阻碍。这也被解释为上海城市建设试图弥补 90 年代外滩第一轮改造中犯下的错误。

2007 年外滩滨江重建是对于外滩在城市定位新的思考，是对于上海城市整体转型的呼应。滨水区应该成为外滩沿线历史建筑的配角并挖掘历史记忆与文化内涵 [133]。通过穿过外滩的大量交通被引至地下，为地面街道活动留下了更多空间。在人行道与防汛空箱之前增设中间高度的平台广场，滨江地区由空箱顶和坡道、活动平台和广场，以及地面人行道形成三条南北向连续贯通的人行通道，疏散高峰时段的南北向人流 [133]。这种改变也实现了街道至堤顶的平稳过渡。在不同水平面上建设了一系列的草坪，由斜坡连接，梯度范围 3% ～ 5%。这种设计方案减少了堤岸的裸露面积，为公共聚集活动提供了更多空间。同时，外滩建筑前的人行道被拓宽至 10 ～ 15 米。

第三次的外滩重建也提出了对外滩地区生态环境的改善，在不对优秀历史建筑产生遮挡的前提下，增加乔木与灌木的数量 [133]。宽阔的人行道充当了城市美化带，聚集了街道设施、草坪、布告板和绿色植被等。除了外滩公园和陈毅广场等现有地标，福州路和外滩交汇处还建立了金融广场，以示上海重获世界金融地位。2008 年 3 月 1 日，具有一个世纪历史的外白渡桥被拆除并维修，并在 2009 年 2 月重新开放。正如上海市政府提议，所有这些设计方案点亮了这片具有历史意义的滨水区。

现在的外滩的滨水区是通过三次改造呈现的。1993 年，我们把外滩当作城市的交通干道，历史文化的价值让位于交通的功能，现在把交通放在地下，恢复外滩原有的城市公共空间，这代表了我们对于城市空间品质的追求。外滩公共空间的割裂与回归也代表了市民空间的割裂与回归，代表新时期新的城市精神。

4.2.3 外滩滨水区历史风貌区整体保护

1. 新时期上海城市历史风貌保护政策

20 世纪 90 年代以来，城市更新中历史建筑及风貌区的保护的重要性逐步提升。上海历史文化风貌区及风貌道路的保护规划制定与管理控制成为这个时期城市更新的重点内容。

外滩建筑群尽管是 20 世纪初以来上海最引人注目的建筑群，然而这些建筑的建筑学价值直到 1996 年 11 月 20 日才受到认同，当时这些建筑被列入中国第四次国家遗产名录。4 年后，上海市发展和改革委员会任命同济大学执行外滩地区保护和文化旅游项目的研究。2002 年 7 月 25 日，《上海历史文化遗址和优秀文物建筑》获得批准，标志着外滩的保护工作的正式开始[143]。2003 年上海市城市规划管理局确立了外滩、老城厢、人民广场、衡山路—复兴路等共 12 片上海市历史文化风貌保护区[68]。其中外滩历史文化风貌区涉及黄浦、虹口两个行政区，范围东起黄浦江，南到延安东路，西至河南中路，北至天潼路—大名路—闵行路，用地面积 101 公顷。外滩是中心城 12 个历史文化风貌区中发展较早、优秀历史建筑最为集中、具有国际知名度的风貌区。外滩曾是旧上海以及中国乃至远东地区的金融中心，号称"中国的华尔街"，是上海 100 多年来发展与繁荣的象征。外滩的建筑基本形成于 20 世纪 30 年代，以金融贸易建筑为代表，具有鲜明的欧洲新古典主义和折衷主义风格，外观精致，细部优美，中山东一路沿线建筑形成上海最具标志性的城市天际线。外滩的街道呈方格网布局，沿街建筑较高，界面连续，形成独具特色的空间形态[121]。

2. 外滩滨水区历史风貌区整体保护

外滩滨水区历史风貌区整体保护遵循了"点—线—面"相结合的完整的风貌保护体系。其中，"点"是指优秀历史建筑和文物保护单位，"线"是指风貌保护道路（街巷）与风貌保护河道，"面"是指历史文化风貌区和风貌保护街坊[68]。在外滩滨水区的语境下，是指点（外滩源）、线（外滩公共沿江界面）、面（外滩历史文化风貌区）。

外滩源位于老外滩的最北端，苏州河与黄浦江在此交汇，这里是外滩的起点，拥有独特多样的景观资源。同时，外滩源所在的区域也是上海开埠后最早发展的地区（英租界），外滩的形成都是基于此地区延伸开去。2002 年黄浦江两岸再开发工程启动，并推出了外滩源历史街区保护与整治试点项目。外滩源的规划研究经过保护规划研究（2003 年）、国际方案征集（2004 年）、控制性及修建性详细规划（2005 年）的三轮工作[72]。在改造前，地区内存在大量住宅、行政办公、教育等用地，地区功能与外滩作为城市重要的公共空间的定位不符。改造后的空间试图融合现代

图 4-9 外滩源的保护更新城市设计
资料来源：徐毅松．浦江十年：黄浦江两岸地区城市设计集锦．上海：上海教育出版社，2012．

图 4-10 外滩社区服务中心（郑时龄设计）
资料来源：徐毅松．浦江十年：黄浦江两岸地区城市设计集锦．上海：上海教育出版社，2012．

感与历史文脉，挖掘地区的潜在价值[133]（图 4-9）。

在外滩沿江界面建筑群改造中，以历史建筑为参照，确定新建筑的体量、尺度、材质、风格，甚至细节形式，使新建筑充分融入历史环境之中。值得关注的是，20 世纪 90 年代的置换计划为外滩建筑的保护工作贡献了一份热情。尽管维修保护费用高昂，然而外滩新租客对这部分投资并未有所保留，并期待收到较高的项目回报。2002 年 11 月，外滩 18 号（前麦加利银行上海总部所在地）开始了为期两年的改造计划。该计划于 2004 年 9 月完工，并获得 2006 年联合国教科文组织亚太文化遗产保护奖[143]。外滩建筑的保护修复大部分采用了原真性修复的方式，根据历史文献记载和实地勘测考证进行原样修复，后添加的部分确保可识别性和可逆性。外滩 3 号、18 号在修复的同时对内部空间作了适当调整，并引入了高端商业功能，取得了较好的效果[133]。外滩公共服务中心项目是新建筑延续历史风貌又一典型案例。该项目所在地是外滩完整连续的建筑界面中唯一的缺口，因此被称为"镶牙过程"。最终实施的方案具有现代建筑简洁明快的特点，但其立面"三段式"的样式依稀可辨，建筑尺度依循了外滩建筑共有的规律，立面材质与色彩也与相邻历史建筑基本一致。新建建筑与外滩环境浑然一体，保证了外滩历史风貌的完整性（图 4-10）。外滩风貌延伸段整治工程是又一成功案例。延伸段位于外滩南部，改造前建筑风格凌乱，与外滩风格极不协调，为了延续外滩整体风貌，对其立面进行整治。立面整治方案借鉴外滩建筑群屋檐、腰线、基座线的位置与立面分割尺度来整理建筑界面，并采用了檐口、立柱、穹顶等新古典主义建筑符号，以及接近外滩建筑质感的石材。经过整治，使原先凌乱的街景趋于统一，成为外滩历史文化风貌区与南外滩现代商务区之间的良好过渡[133]。

外滩历史文化风貌区深化整体成片保护的理念，划定历史街区，拓展风貌保护街坊，保护历史文化遗产周边历史环境，并延续历史地区的空间肌理和尺度，形成整体反映历史风貌特征的城市空间环境（表 4-2）。许多国内外比较有影响的码头遗产保护再利用的成功案例并非对单个物

表 4-2 外滩地区整体规划演进

时间	规划内容	平面图
1988年3月	外滩地区综合改造规划	
1991年	外滩优秀近代建筑风貌保护区规划	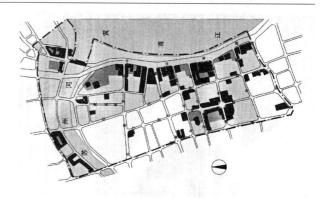
1995年	外滩金融贸易区规划总平面图及详细规划	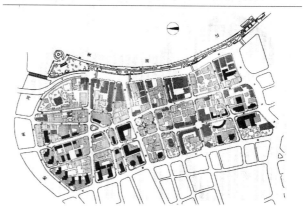

续表

时间	规划内容	平面图
2003年	外滩历史文化风貌区 核心保护范围 与建设控制范围	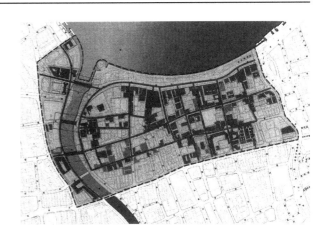
2005年	外滩金融贸易区规划总平面图	

体的成功保护，而是对整个聚落遗产地的成功保护利用[136]。

　　上海外滩"点—线—面"历史风貌区的整体保护同时也呼应了上海城市整体的历史文化遗产保存。采用分级分类的保护方法，制定差别化的保护与更新要求，推动工业遗产、里弄住宅以及大量一般历史建筑的更新与活化利用，与城市功能发展有机结合。综合保护历史环境、有形遗产和无形遗产，注重城市不同发展阶段历史文脉的传承。充分挖掘和保护各类历史文化资源，创新保护政策，健全与上海国际文化大都市相匹配的城乡历史文化风貌保护制度与机制，将上海建成既有浓厚历史文化底蕴，又有鲜明时代特征，活力多元的国家历史文化名城[55]。

4.3 以历史遗产保存为特征水岸再生中的特征 与冲突

4.3.1 水岸殖民空间中的全球与本地文化冲突

上海外滩的形成印证了中国贸易港口滨水区的重要性。沿外滩的西方古典主义建筑群的形象可追溯到 20 世纪二三十年代，这些在明信片和旅游指南中推广的外滩标志性形象，极大地说明了西方文化对上海的影响 [97]。上海是中国的门户城市，通过此西方的文化进入中国内陆。在帝国主义的背景下，东西方的资本、思想和技术流动，改变了上海的城市结构和建筑风格 [148]。1949年后专注工业生产的政策切断了上海与外部世界的联系，外滩建筑群代表了这之前最后一次的东西方文化的流动。

正是在这片线性滨水区中，外国社区开始发展在中国的商业和社会生活。为确保水域向公众开放，清政府和外国强权之间不断谈判并妥协，使得黄浦江沿岸建筑从江岸后退。外国租界的西式管理让外滩呈现出秩序井然的现代风貌，这在当时的中国是非凡的。然而，这片区域内魅力四射的公共空间和异国建筑却作为鸦片战争后中国的软弱和帝国主义肆虐的象征一直遭受批评。上海外滩及其同类区域不可避免地被刻上半殖民地的印迹。数十年时间里，这些城市滨水区见证了中国迈向城市化的进程，也见证了中国遭受帝国主义羞辱的过去。中国人对这片半殖民地遗产爱恨交加的复杂情绪对社会主义中国的复兴工作产生了潜移默化却又强烈的影响 [143]。

对于殖民时代西方文化的入侵，上海一开始显然是被动而无奈的接受。从政治因素和文化因素来看，外滩是第一次鸦片战争后中国贸易港口体系"唯一重要的物理空间的警示物" [149]。也正因如此，这个西方强权施加于中国的充满争议的象征也触发了上海反帝国主义运动。早在 1878年，中国精英就抗议过外滩公园禁止中国人入内的恶名昭著的禁令，而外滩公园的建立却来自上海公共租界内所有人的税收。回顾中国近代史，外滩一直勾起人们记忆中有关中国迈向现代化的回忆，中国人在这里经历着帝国主义的剥削。中国人对外滩爱恨交加的情绪对社会主义中国的外滩建设带来了强烈冲击。直到 90 年代外滩重建的置换计划中，虽然是利用文化遗产发展城市经济作为主要的支持理念，然而社会主义意识形态被仔细地植入外滩人工景观中，这也许是因为中国人从未忘记外滩的半殖民地起源。这里的景观永远提醒人们中国在第一次鸦片战争后遭受的耻辱。2002 年外滩被提名为联合国教科文组织遗产的提案也激发了上海市民的激烈讨论。反对者认为，外滩是"殖民压迫的象征，外滩建筑无法从真正意义上代表中国文化精神" [151]。如何重新定义并传播外滩的文化意义一直是当代重建中国的敏感话题。

对于外滩滨水区的历史建筑进行保护似乎一直是有争议的，西方文化与东方文化的冲突，反映在城市空间治理的进程中。其中也包含着对于西方强权抵抗意识与爱国情怀的冲突以及现代化的上海城市精神与殖民时期城市精神的冲突。然而随着城市的发展，我们也清晰地看到了对于历史文化遗产态度的转变。对于其作为历史殖民城市而言，对外来文化所遗留的城市遗产是否进行保存的态度，是随着时间而发生变化的。作为殖民历史的产物，外滩作为西方的"文化植入"（Acculturation），起初人们对这种西方文化的入侵是持反对态度的[152]，但终究演变成为主动选择式的植入与转化，这似乎与上海"海纳百川"的一贯文化性格相符。直至今日，外滩成为上海城市文化中举足轻重而不可或缺的一部分，也没有人再去质疑它的合理性了。

今天的上海是一种日常的电影幻象，好像能够通过特殊效果使整个天际变成现实。横跨黄浦江的浦东人造天堂见证了这一切，上海作为中国最重要的国际城市得以复兴。对"复兴的期待"存在一些相当矛盾和令人费解的事情，它将未来和过去编织在一起，给上海的城市历史保护带来独特的意义。即使是在一个中国各地快速发展的年代，上海依旧是一个特殊的例子。从世界体系的角度来看，它表明了民族自治的必要性、全球经济和文化联系的影响以及殖民遗产的持久性[153]。自从 1992 年中央决定开发浦东后，计划将上海的浦东地区发展成为一个东方曼哈顿，"一年一个样，三年大变样"。有趣的是，与建筑和发展的狂热一起，通过出售土地租赁和合资资本的帮助，也出现了对于历史保护的兴趣。然而，上海的历史保护受到与平时对"文化遗产"的不同看法的启发，考虑到其城市半殖民的历史，只能是模棱两可的。也就是说，上海的文化遗产保存不仅仅是提醒人们过去的问题，而是存在更加复杂的内容：过去允许现在追寻未来。所以虽然上海复兴的优势将首先取决于经济和政治因素，但这在一定程度上取决于曾经的城市回忆，因为后者作为其意志和想法将创造新的上海。正如我们有机会看到的那样，这些记忆是有选择性的。如果上海的历史遗产保存具有一定的独特性，那么其发展也是如此。今天的上海不仅仅是一个随处可见的新建造的城市，它与历史上有一些微妙的、难以捉摸的关系：这个城市正在翻拍，针对不同的观众，不是"回到未来"，而是"转向过去"[154]。

4.3.2 水岸历史遗产空间与城市更新

1. 历史遗产保护的世界性认识

《威尼斯宪章》（ *Venice Charter* ）[155] 和《阿姆斯特丹宣言》（ *Declaration of Amsterdam* ）[156] 提供了范例，概述了历史遗产保护方案。国际古迹遗址理事会的更新观点如下：

有效的保护政策需要广泛的公众支持。和其他的想法或商品一样，如果没有宣传的力度，此类政策的价值可能不会马上显露。保护政策的主张者想要其想法得到更高水平的支持，将得益于市场专家在工作中的分析：对目标市场的清晰定位和对预期信息的阐明。历史遗产保护组织也并非总是想方设法为改造项目注入强烈的吸引力。虽然环境因素常常伴随着"绿色友好"的概念表达出来，但是许多人依然认为遗产保护是边缘活动。世界遗产文化城镇已经开始利用完善的营销手段进行推广，作为全球性商品的一部分，它尽力弥补其先天不足。

1）总体规划

许多城市运用整体规划表明其在未来一定时期内的优先发展方向，以及制订制约或引导发展提案的机制以顺应大局。这些规划往往附有提供各区域的具体实施细节的辅助计划。然而，许多城市一旦公布了其整体规划，却忽略了其具体实践。每当提出激进的发展计划时，整体规划对决策者的引导作用就微乎其微。

充分利用整体规划的优势来指导决策的历史文化城市，很可能也有以下规定：

• 总体规划的实施需要城市内不同利益团体的全面参与；

• 在面对发展复议申请时，需要忠实、坚定地遵守总体规划；

• 在整体规划内，将详细的保护计划、需特殊对待的界定区域及对待该区域的本质这些内容进行整合。

2）综合性行政机构

通常，市政府构建内部结构，以配合其提供的专门服务。各部门长官负责一套特定服务，他们之间相互竞争可获得的资源以完成各自的任务。一旦市政府认可历史遗产保护计划为合法的，这往往是城市规划部门负责的事情，因为原则上城市是通过规划机制参与到保护计划之中。

只要历史遗产保护计划被看作一种"服务"，它的影响力就会受到限制，不是在公民辩论中受到挑剔的声音的质疑，或受到认可其价值的政府部门的限制。扩大遗产保护部门的规模不再是提高遗产保护观念的接受度的唯一方法，同样，成立专门的遗产保护机构以协调遗产保护活动以及各部门的目标也不是。事实上，长远来看，将遗产保护看作合法的市民目标，比在其他部门内部宣扬对待遗产保护的合适"态度"更为有用[157]。事实上，从1954年的《威尼斯宪章》、1975年的《阿姆斯特丹宣言》、1976年的《内罗比建议》、1987年的《华盛顿宪章》到2003年的《下塔吉尔宪章》，历史地段的概念在不断延伸，同时也越来越受到重视[158]。

2. 水岸历史遗产空间保存计划

积极实施历史建筑保护计划是全球滨水区开发的一个重要特征。在许多地区，基于对地区的历史、地形、水景和残存的兼具建筑设计和工程建设意义的人造建筑的了解，新开发模式占据主导地位。积极的规划政策实施鼓励了对有价值的建筑进行保护以作新用。同时，方案的实施也需要对荒废的建筑和无用建筑进行渐进式清除的方案的支持。在英国，"保护区"的划定有一套机制，由此，一个区域的历史结构有了额外的规划控制，这保证了区域内的新建筑与周边和谐统一。

在滨水区进行以保护为主的改造计划的成功将历史建筑保护引向了一个新阶段，并创造了以适应性为特征的不同的保护模式。在既有建筑上进行再建造使得发展具有可持续性，也说明了特色和多样性对身份认同和包容性的重要性。这一方案很少依赖于历史的准确性，而是更看重经济和社会考量。在英国，国家对历史遗产保护承担责任。英国遗产保护协会已经开始评估历史遗产保护投资的商业价值。它确定了反映历史建筑改造影响的三个方面：对经济变革和社会融合的投资、对质量和可持续发展的投资、通过合作对人和社区的投资 [159]。同时它赋予了历史遗产保护以经济价值。

如果说对历史结构的重新利用支撑了后工业时代滨水区的发展，那就过于简单化了，就无法窥见历史遗产保护的全貌。诸如阿姆斯特丹和哈瓦那这样的城市保留了高质量的历史遗产，这些遗产足以使其名列世界遗产名录。对于这些城市，人们关于历史遗产保护的争论点在于其原真性的保存以及在不失去地方精髓的前提下吸收变化的必要性。建立历史遗产保护的机制十分必要。历史遗产保护机制能否成功取决于其历史街区的质量和可持续性以及社会对保护计划的持续支持。保护计划需要制定，也需要综合性的行政机构能够承担改造项目，并且足够强大到能够抵抗偷工减料和拆毁破坏的诱惑 [158]。历史街区作为一种时间与空间复合存在的空间介质，历史文化遗存的保留应该从内陆腹地延伸至水边。保护历史街区的空间环境，保护传统文化遗产，合理保持历史街区的功能多元化，并随着城市发展加入新的元素，使历史街区真正融入城市肌理中去。

3. 水岸历史遗产空间对城市更新的推动

可以说，大部分城市内城（市中心）最大的资产就是城市的遗产，许多历史街区由于其历史特性与场所感而获得了发展的优势。考虑到很多城市起源于如今被称为市中心的地方，街道、公园、广场、水岸以及许多较旧的建筑都深深扎根于城市的集体历史、演化和记忆中。其中旧建筑是这种遗产最显著的体现。也有强烈的经济观点支持新建筑的保存：它是更加劳动密集型的，从而在社区内保持更多的人口；它可以吸引旅游资金进城；它往往成本较低且具有破坏性；并利用已建成的基础设施 [160]。遗产的重要性在全国范围内都得到了认可，历史遗产保存也是城市最常用的发展战略 [161]。保存一个多数人都认同的地标结构物被证明是市中心活力的催化剂。

然而，任何一个社区的遗产，都不仅仅由建筑物组成。市中心与许多重要的事件、体验和回忆联系起来，为整个城市和周边地区的广泛人群提供服务，它是游行和节庆活动发生的地方，市中心有独特的能力来挖掘许多个人的集体记忆。然而也有一些城市中心的水岸出于对经济利益的考虑，在市中心复制了只有郊区才存在的商业建筑，同时铲除了旧建筑建设了门前有停车场的新建筑。这些努力不仅仅在吸引顾客方面十分失败，同时也破坏了城市市中心传统的肌理、密度以及场所感，这也是内城比郊区购物中心迷人之处所在 [162]。此外，科特瓦尔（Kotval）和穆林（Mullin）还提出水岸再生的另外一个原则：成功的水岸都建立在他们自己的历史和文化遗产基础上 [162]。许多的水岸社区拥有丰富的历史和文化。多数水岸都拥有众多历史城堡、灯塔、航海博物馆以及贸易港口，都为港口增加了魅力和吸引力。这些历史和文化的构筑物吸引游客同时也帮助建立港口的教育功能，例如南街港博物馆。这些元素的维持和管理对于港口规划和营销而言是很重要的。高大的船只的存在、舰队、活跃的水族馆以及各种颜色的船只都是这些元素的组成部分。在更大的城市，这些属性通常是很好的保护和推广。我们可以在波士顿沿着海岸线建立步行道、巴尔的摩内港、纽约南街港的保护历史遗存，以及上海外滩在历史建筑保护以及滨水公共空间的多次修整的努力。

德扬·苏迪奇（Deyan Sudjic）认为："当没有任何剩余的东西可以维持经济时，城市就开始重新发现自己的历史，或至少是他们想拥有的历史，他们将它用作催化剂，用于城市再生。"[163] 爱德华·索亚（Edward W. Soja）认为："这与城市怀旧的感觉相关联，并且渴望所谓的'历史城市'"[164]。

4. 水岸历史遗产空间与城市更新的冲突

城市历史街区所展现的市场是一种多样性混合的状态，这些街区决定了城市的特性与个性，使有意义的场所具体化并历久弥新[165]。然而历史建筑也会有自己的问题，比如物质结构或者功能性上的过时，或者是因为年久失修而导致的形象上的过时，在某些情况下还会有经济上的过时。而一旦产生经济上的过时就很容易在市场经济主导的情况下被直接抛弃。资本建造出一种与它自身条件及时代相适应的物质景观，却在随后的时间里却不得不破坏它[166]。

为了缓解历史遗产空间的保存与城市新的发展之间的矛盾，美国的许多城市引进了开发权转移的概念，能够使历史建筑的"上空使用权"合法地转移到另一块场地上。这个概念是由律师约翰·科斯坦尼斯（John Contains）于1968年针对集中在芝加哥中心早期高层建筑物的保护而提出的[167]。1976年波士顿法纳尔厅改建为昆西市场的滨水更新项目，就是以优惠税率的方法来达到保护历史建筑的城市重建案例。符合条件的开发项目经城市重建局审查，市长同意之后，可获得最高15年免税优惠。这一措施的执行极大地鼓励了开发商对于城市重要低端的开发，同时也有利于对建筑的保护和有效使用。同时也可以在南街港历史街区的保护中看到类似的结果。容积率转移作为保护概念首先在纽约实施，然而，在容积率转入地块接近转出地块的地方，设置历史建筑的密度奖励可能会造成令人遗憾的后果[168]。

然而历史保护却依然有可能成为城市发展的"绊脚石"。以上海外滩为例，尽管设立了政府立法及受保护区域的列表以及发展了诸如设立文物保护区等遗产保存的规划技术，对于城市遗产的命运依然存在担忧。就外滩而言，问题似乎不在于对黄浦江沿岸单个建筑物本身进行保存的愿望，而是在于建筑物整个控制区。在这个保护区的范围内，诸如高度、密度和建筑风格以及密度都须经规划部门批准，其目的是防止指定的历史建筑由被周围高层建筑物包围和吞没。保护街景和景观的历史特征是通过禁止在街道对面人行路上方1.6米处（行人视线水平）的一点延伸穿过立面顶部的视线上方建造新作品。对于外滩而言，视线点是从黄浦江中心线上取的。黄浦江上的船只应该能够看到外滩沿线的遗产建筑物，而不受其后方现代建筑物的影响。经过这个地区200～300米的距离后，建筑物被允许高度更高。然而，从浦东开过来的渡轮很快显示出许多新的发展已经冲破了这一规则[66]。

4.3.3 水岸历史遗产空间与全球性旅游

1. 水岸再生作为历史旅游城市更新的催化剂

全球化带来了世界范围内旅游产业的发展。那些拥有优秀的历史文化建筑的水岸往往成为人口和资本流动的指向。可以确定的是，滨水地区的复兴与历史旅游名城的发展关联密切，而滨水地区复兴在城市复兴中也愈发占据领先地位，被认为是历史旅游名城的催化剂。我们可以仔细回顾一下滨海区现象，明确其为历史旅游名城发展带来的重要影响。

系统化的滨海地区复兴源于美国。20 世纪 60 年代，相比于其他西方世界的国家，美国开拓回收废弃内城的需要变得更加迫切。一些未充分利用的、位于市中心的土地被人们发现后，其市场潜力很快便被企业型社区发掘（如旧金山和波士顿）。而随着开发废弃土地这一趋势蔓延至整个西方国家，每个城市又结合自身特色发展出了更先进的开拓方式，例如香港、开普敦及各种第三世界旅游城市 [169]。考虑到新世界城市通讯和工业活动对河流、湖泊或海滨地区的广泛性与依赖性，或许历史旅游名城的全球相关性在欧洲之外的地区体现才最为显著。

滨海地区复兴通常体现在港口衰落以及相关工商业水岸用地的减少，并且意识到环境的需求来纠正因此而引起的水岸区域衰败并减少水体污染。传统的内城港口逐渐消失的原因有很多，最根本的原因是技术的日新月异，使得新兴的、具有规模效益的城市边缘地区（Urban Periphery Locations）成为更合适的地点，有可供扩展的城市空间并减免了与当代内城用地之间的冲突。霍伊尔（Hoyle）、宾德（Pinder）和侯赛因（Husain）对传统内港消失的原因进行了更加深入的研究。他们大体上认为这与振兴内城更为普遍的举措相吻合，并认识到滨水区代表了一个经典的废弃区域，其中蕴含着重大的振兴机会 [169]。一旦水岸地区的负面形象被成功扭转，就像是 20 世纪 70 年代早期出现的北美五大湖和其他区域的一系列清理行动（Clean-Up Operations），就会使水岸地区成为内城复兴的前沿空间。这时滨水空间便会被特别公认为是土地的资源再开发的"意外之财"，一种应当恢复公众访问权利（之前长期被拒绝或被剥夺）的公共设施，以及一项自城市起源以来随海事时代逐渐消失但应被铭记的历史遗产。坦布里奇（Tunbridge）从其他角度考虑了这些资源评估之间潜在的不兼容问题，以及由此产生的多种机构之间冲突的解决方案 [170]。

水岸提供游乐设施以及历史遗迹来吸引游客，从这个角度看休闲旅游是水岸新区同其他地区竞争的主要力量，但并不是在每种情况下都是主导。进一步说，休闲旅游的用途并不总是直接利用历史环境，例如波士顿的昆西市场，但总是会间接的利用历史遗留的环境以带动邻近地区的发展，甚至还能唤起人们对这片历史悠久的水岸地区的保护意识，例如巴尔的摩的海滨南岸。

然而，在某些极端情况下，水岸则在地区发展中扮演了一个相当不成比例的角色。在某些情况下，滨海新区为历史旅游名城提供了不可或缺的催化剂，而在较贫乏的城市中，滨海地区复兴则成为整个城市复兴的唯一动力。作为一个复杂的大城市，阿尔伯特码头（Albert Dock）却使得利物浦变得全球知名[169]。同时临水滨海这一要素是洛厄尔（Lowell）的一项重要资产，在这里外部力量被视为该市历史旅游名城开发的重要组成部分。而在缺乏这样的外部力量支持的圣约翰（Saint John）、新不伦瑞克（New Brunswick），滨水振兴独自创造了一个有效的旅游历史名城，从而进一步刺激发展了更加广泛的城市复兴。圣约翰是一个工业港口，白领就业较少，失业率相对较高，直到近期城市环境仍然比较破败。而在即将到来的两百周年纪念日上，由于旅游业的发展潜力，民族主义组织（由联合王国保皇党人组成）重振了市场，包括保皇党人所占据的中心水岸。私人开发商开发了邻近市场广场——一个利用滨水仓库改造成的节庆市场中心，图书馆、会议中心和一流酒店也相继在临近滨水地区建成，整个建筑群在1984年运营。它随后成为事实上的城市中心，召开了许多重要的国际会议并承接了皇室访问，并成为沿海省份旅游线路上引人注目的著名景点。随后，邻近内城的保护和旅游业得到显著提升，这也无疑为该地区的振兴活动的作用增加了有力证据[171]（图4-11，图4-12）。

2. 水岸旅游给城市空间带来的影响

水滨的再生能够给有关地区带来重大利益。水岸再生项目带来了旅游产品在其开发区域的多样化。例如在马耳他首都瓦莱塔开发滨水项目的原因主要是为了在相关地区开展新的旅游活动，特别是邮轮旅游。地中海沿岸的其他城市港口也参与了邮轮客运码头的开发，如意大利的布林迪西、西班牙的巴伦西亚及巴塞罗那。邮轮旅游业的发展被认为是有益的，因为它带来了优质的消费者，从而限制了旅游业的不利影响。然而，在考虑发展邮轮航线时，人们必须评估邮轮航线所带来的环境影响，这一点却很少被人提及。此外，发展邮轮航线趋势给地中海带来了大量的人群，这引发我们对这种活动的益处的质疑，特别是因为这些旅客的消费潜力很低的时候[172]。

滨水更新活动也导致废弃地区，未使用的建筑物和未使用空间的物理升级。很多时候，滨水城市的再生带来了滨水空间区域的新维度，并给废弃的仓库带来了新用途。其中一个例子就是马赛旧港的改造和250年前在瓦莱塔的平托码头（Pinto Wharves）修建的19个码头和仓库的再生。在这两种情况下，以前未使用的空间的重新利用给该地区带来了新的维度以及带来新的商业机会。商业活动增加将自动意味着升级区域的交通活动增加，因此，与之相关的是对需要执行的交通管理的重新评估。在马耳他，瓦莱塔水道的升级还伴随着改善交通管理计划的建议。

再生活动带来社会—经济发展注入，促进就业增加。此外，滨水地区的新项目带来了自然环境的振兴，例如传统建筑的再利用以及西西里岛特拉帕尼地区的采盐和制盐等与水有关的活动，这带来了对于新的旅游活动的欣赏，以前没有在旅游地图上显示。根据上述情况，城市港口的再生导致沿海遗产的恢复，导致特定地区的居民对遗产的重新认识。其中一个例子就是马耳他的沿海遗产，它主要与马耳他群岛的海军历史有关。过去几年在马耳他群岛投入使用的各种海滨再生项目，给人们带来了以前被忽视的遗产，即与圣约翰骑士和英国遗产有关的海军和工业遗产。除了为该地区的旅游业提供新的维度之外，沿海遗产的引入还可以促进与特定沿海遗产相关的创新

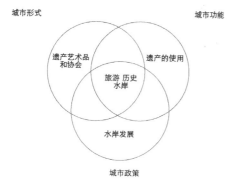

图 4-11 历史—旅游水岸的语境关系图

资料来源：作者译自 Ashworth G. J., Tunbridge J. E.. The tourist-historic city[M]. London: Belhaven Press, 1990.

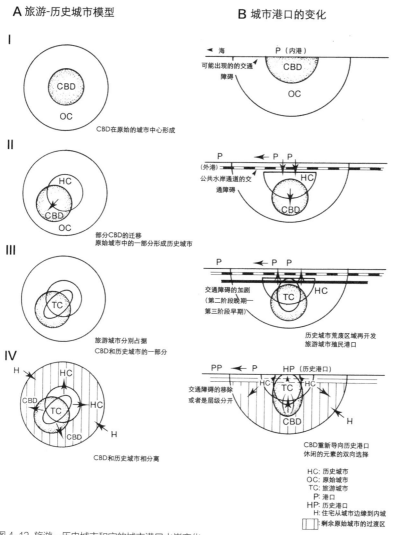

图 4-12 旅游—历史城市和它的城市港口水岸变化

资料来源：作者译自 Ashworth G. J., Tunbridge J. E.. The tourist-historic city[M]. London: Belhaven Press, 1990.

工艺创意的新倡议。例如在马耳他，正在开展一些举措以创造与船只和海军活动相关的三个港口城市的一系列手工艺品和纪念品[172]。

滨水区的再生也有负面影响，其中包括房地产价格的上涨、士绅化、当地社区的较低的参与度，有时会感到身份的丧失[173]，以及当地社区与更新的旅游区的隔离。并且，开展水再生活动等项目，也会导致社区、开发商和政策制定者以及遗产的呈现之间的紧张关系[174]。滨水的可持续发展不仅考虑到旅游活动的需要以及新商业的融入和繁荣，更应该考虑到再生区域附近的社区能够真正从更新活动中受益。必须记住，再生区域内的社区不得不继续与旅游活动、高档零售店和经过修复的建筑物肩并肩生活。对再生项目对旅游业影响的简要概述突出强调了旅游业产生的实例，并且作为这种再生的直接影响，所得到的活动的改善。然而，如果不解决这些问题，可能会对旅游景点的本质所在的社区产生不利影响。

旅游可以促进旧城水岸区域显著的经济增长[162]。然而，在水岸设计标准化的水岸旅游空间，有时候不仅会对城市的旅游造成冲突，还会使得城市本身的文化特色丧失。更糟糕的是，被旅游者占据的城市无法被市民所享有，市民接近城市的权利因此被剥夺。

旅游项目背后的目的和动机千差万别，许多旅游开发项目常常是机会主义的。也就是说，项目极少来自对发展机遇的战略性评估或通盘考虑，而多出自地方条件或当地某些利益集团或私人企业家的一时之念。一些保护区受到广泛关注，对特殊建筑保存和保护的担心成为一个重要的激发因素。所以，一座城市在决定发展旅游业时，选择启动何种旅游项目十分关键，而规划编制也与一系列通常是偶然的私人部门的开发项目密切相关。公共部门经常在旅游开发策略的制定中扮演重要角色，它们提供并管理公共性开放空间，建设并维护主要的景点，还为私人部门提供财产转让方面的帮助[168]。

旅游业可以被看作是许多荒废的河滨地区振兴适合的经济用途。但是应该认识到旅游只是解决方案的一部分。如果太多的河岸地区被开发作为旅游用途，现有的河岸将失去一些独特的吸引力，并可能因此受到影响。对于全球旅游者而言，在巴尔的摩和达令港的旅行体验已经没有什么差别（后者模仿了前者的开发模式）。而且旅游业的趋势是多变的，近几年流行的事物可能在一些年后就会变得过时。然而，旅游业可以被作为经济振兴的一种工具，已经在世界大部分水岸区域的成功的更新过程中被证实了[175]。

3. 全球旅游发展与城市空间的全球化

休斯（Hughes）描述了旅游如何成为一种空间差异化的活动，它可以导致文化的同质化，但也有助于"重新设想"或"重新想象"空间。"旅游……为了吸引和保持市场份额，不断尝试创造差异性的空间。"[176]面对日益增长的全球文化同质化，地方旅游机构努力维护其空间独特性和文化特色，力求将每个地方推广为吸引人的旅游目的地。可以说是类似再生的过程。各种目的地都在积极地重新配置自己的身份，试图重新定位自己或将自己置于旅游地图上。

　　然而，沃尔什（Walsh）对于平淡无奇的标准化表示担心，并且公共空间的"遗产化"也并非毫无根据[177]。很明显，许多城镇中心，特别是英国的城镇中心，开始依赖全球企业的外来投资，这使得它们最大化的变得同质，并且遭遇了没有灵魂的最坏情况。尽管前工业城市除了寻求这种投资外通常没有多少选择权，但是它可以非常切实的被引入创新的新项目、行动计划和景点的开发中，而不是进行盲目的商业零售开发[178]。如果全球所有地方都看起来都一样，当地旅游业的发展可能会受到威胁[179]。

　　尽管如此，后现代时期的游客或"后游客"的口味正在发生着明显变化，越来越多的游客被吸引到"超真实"体验的兴奋之中，这些体验通常位于飞地（Enclave）的气泡之中，例如购物商场、主题公园或休闲综合体。这是旅游"娱乐性"的一部分[180]。这种空间的生产似乎是后现代城市规划的一个突出特点，因此是城市空间更新的固有部分[178]。

4. 上海及外滩的旅游资源现状

　　作为一个港口城市，上海也曾经通过旅游业来进行城市在全球范围内的推广[181]。旅游业发展是上海新城市身份建设的重要组成部分。上海拥有大量独特的旅游资源。1843 年鸦片战争后，上海一直作为外国列强租界的身份，直到 1945 年抗日战争胜利后。在二战期间，这个城市接受了成千上万的犹太难民。他们曾经在城市中的聚集区，例如虹口的提篮桥地区，都是被认为具有历史和文化意义，是城市内有价值的旅游资源。

　　上海对于城市品牌的努力可以追溯到中国实施改革开放政策以来推动该城市作为旅游资源的选择。在 20 世纪 90 年代初制定的城市规划中，旅游业首先被视为能够产生直接收入、增加国内消费、创造就业机会和重组城市产业的重要经济部门。之后为了把上海建设成为一流的大都市和有吸引力的旅游目的地，旅游业被作为"十一五"计划（2005—2010 年）的首要目标和旅游发展的中期计划。

　　采取了各种措施来推动旅游业。其中包括对旅游基础设施的大量投资，新旅游景点的创建以及与城市历史文明和近期的现代化相联系的不同路线的开发，制定旅游服务的官方标准。凭借各种组合文化和资本闻名的优势，上海成功吸引了越来越多的国内外游客（表 4-3）。旅游业发展成为城市经济的一个快速增长的部分，一个以旅游为导向的城市品牌宣传正在进行中。作为一项成功的旅游推广活动，自 1996 年以来，上海旅游节（Shanghai Tourism Festival）在每年秋季都成功举办。

　　印在明信片上的上海外滩形象显然是受到游客欢迎的上海城市空间场所。外滩的旅游资源是多面的，呈现显性和隐形的特征[182]。外滩是世界闻名的旅游目的地。1984 年黄浦区政府对外滩大楼外墙进行清洗，《纽约时报》即以"外滩大楼清洗一新，上海进一步改革开放为题"进行了专门的报道。2010 年世博会的成功举办，特别是基础设施的改进，让上海"提升了国际化水平"，公共区域的新设计吸引了不计其数的游客，让外滩变成上海最受人欢迎的景点。人们现在更多地将外滩作为休闲目的地而非购物场所，外滩空间的商品化消费属性得以削减而公共性得以加强。

表 4-3 2000—2010 年上海的国内外游客人数和旅游收入

时间	国内游客(万人次)	国外游客(万人次)	旅游收入(亿元)
2000年	6433.81	181.4	859
2001年	8255.53	204.26	956
2002年	8761.13	272.53	1098
2003年	7603.38	319.87	1254
2004年	8505.26	491.92	1400
2005年	9012.36	571.35	1812
2006年	9684.69	605.67	1934
2007年	10210.26	665.59	1992
2008年	11006.32	640.37	2014
2009年	12361.15	628.92	2096
2010年	21463.16	851.12	3053

资料来源: 上海市统计局(2001—2008); 上海年鉴编辑委员会和编辑部(2001—2011).

控制私家车和地面停车场为外滩公共属性的提升进一步贡献。将外滩的"归还人民"政策对外滩建筑和滨水区开发利用具有长远影响,因此,虽然很难预测外滩建筑在未来会如何更好地加以利用,但是它对公共用途的开放性和融合度因"人民外滩"的名字而备受期待。

游客的涌入无疑对城市经济的发展产生了积极的拉动作用。然而过多的游客在某些特殊的时间节点对城市空间资源造成了压力,同时与城市空间资源作为市民空间的属性产生了冲突,如何平衡城市旅游资源与市民对空间资源享有之间的矛盾应该成为外滩公共空间维护的重点。

4.3.4 过度的历史遗产空间保护与空间"商品化"

商品化,是借助知名形象来推广和销售商品的行为。商品化的方式多种多样,它可能是迪士尼化最有趣的一个方面,因为它与消费者日常生活的联系最为紧密。商品化背后的基本原理很简单,那就是利用受欢迎的形象攫取更多的利益。商品化与混合消费密切相关,在主题公园、主体化餐厅和动物园这样的典型混合消费场所,购买各类商品是主要消费方式之一 [183]。

过度的历史建筑保护或者是历史建筑保护用作其他用途可能会造成"商品化"的后果,遗产空间成为一种消费的产品。面对城市空间的"遗产化"或者说遗产空间的"商品化",许多理论家对遗产被用作再生工具的方式有些愤世嫉俗。苏迪奇(Sudjic)指出,"当没有其他任何东西可以维持经济时,城市开始重新挖掘自身的历史,或至少是他们自己想要的历史"。他们将它作为他们尝试再生的催化剂[163]。索亚（Soja）认为这与城市怀旧感有关——"渴望所谓的'历史城市'、一个更加明确定义的城市主义、据信是文明的和富有创造性的"[164]。

　　这可能是事实，由于许多城市（尤其是前工业城市）的景观常常受到重工业的污染从而很难推销自己。因此一种可能的方式是开发一系列新的全球性景点，然后才被指责制造"混合场景"[184]或"没有场所感"的城市环境。然而，可能需要考虑本地的联结和意义。沃尔什（Walsh）抱怨一种他称之为"遗产化"的现象，由此过去通过"历史审美化"的过程而改变从而创造出幻想空间，这种空间不是任何人的家园也很少有当地协会或者联盟[177]。同样，休斯（Hughes）指出，在开发旅游业时必须注意不要"覆盖"遗产空间的原始意义[176]，米德尔顿（Middleton）评论城镇在尝试清理和美化的过程中变得过于清洁的问题[185]。

　　外滩的功能定位随着城市社会经济发展和总体功能定位的变化而变化。外滩在 20 世纪二三十年代是上海乃至亚洲的金融商务区，50 年代成为行政办公区，90 年代重复恢复其金融功能成为城市新的 CBD。新时期历史建筑更多的与文化艺术、都市休闲、高端餐饮、酒店旅游功能相结合，逐步发展成为具有商业、文化、旅游等综合功能的城市公共活动中心。历史遗产空间消费性的特征逐步凸显。2006 年外滩 18 号获得联合国教科文组织亚太文化遗产保护奖，这次举世瞩目的建筑保护成就为商业运营奠定了坚实的基础。该建筑及外滩沿线的类似建筑成为国际奢侈品品牌的驻地，纷纷在此设立旗舰店。外滩文化因此得以开发并扩大了这些品牌在中国的影响力。这些高端旗舰店、餐厅、美术馆等各色商家的驻扎引起了社会主义中国有关外滩公共属性的讨论。然而，国际品牌的集会无疑提升了外滩在世界舞台的身份，这对于重建上海的国际形象至关重要。但是同时也遭到了对于其"商品化"的质疑。

　　肯内特·弗兰普顿（Kenneth Frampton）教授反对后现代主义将建筑"商品化"的方法，这可能会创造一种不公平的社会空间，引发一系列的社会问题。国际奢侈品牌从 2012 年开始从外滩退出，这反映了最近一轮外滩改造中"还江于民"的城市策略，保证了外滩空间的公正性。形式作为一种社会批评，社会的形式同时可以影响形式的产生。

4.4 小结

1978 年后，中国城市化进程加速了上海城市的发展，如外滩这样的城市滨水区作为城市发展的催化剂面临一系列挑战。改造城市滨水区是提升城市密集中心交通流通性最高效的手段之一。这片线性的步行道可以轻易改造成宽阔的交通走廊。20 世纪 90 年代的上海外滩改造标志着解决交通问题和洪水问题的工程学胜利。然而，历史性城市滨水区的社会价值和文化价值在经济利益驱动下的发展政策和功利主义的城市发展模式下经常被忽视。外滩建筑被调整为吸收金融机构的入驻，社会主义意识形态也被仔细植入外滩的人文景观中。外滩在 1949 年后的发展表明，中国历史性城市滨水区的改造与不断变化的政治环境和经济环境密切相关。如何定义并重新解读文化内涵以及与中国当代身份的联系一直是对于建立在半殖民地时期城市滨水区的改造中隐性而重要的因素。

随着中国在全球政治地位和经济地位的提升，城市被迫重新配置文化资源，以便相互竞争或与国外城市竞争。21 世纪上海外滩的复兴表现了中国人对半殖民地遗产的态度转变和全球化背景下地区竞争意识的萌芽。半殖民地遗产的社会价值和文化价值被重新解读，增强了城市身份的认同度。尽管地方政府不愿完全解读半殖民地遗产的文化内涵，但意识到了利用文化遗产提升城市形象并促进全球化背景下城市竞争力的重要性。上海外滩和其他地区相似类型的水岸复兴（纽约曼哈顿南街港、新加坡河、波士顿历史滨水区、伦敦阿尔伯特码头等）都证明了历史性城市滨水区可以为城市生活质量的许多方面作出应有的贡献。上海外滩的地理优势和历史价值潜力对城市的经济、社会和文化发展具有巨大的促进力量。

我们该如何理解中国城市滨水区复兴带来的问题和挑战？重建具有半殖民地特征的历史性滨水区潜力何在？重建滨水区会对当代城市生活作出哪些贡献？通过审视上海外滩的空间构成和重建，特别是 21 世纪早期的复兴，本章意在通过中国不断变化的政治和经济环境解答如上问题。

（1）水岸历史文化遗产空间保存是外滩再生过程中的价值体现。作为特有文化的产物，旧街区的再生和利用不仅要考虑当地特有的制度文化、行为文化及心态文化（隐性文化）层面。作为建筑或者是由建筑组成的街区本身是与生产力关系最直接的物态文化层次，新陈代谢较快。各个历史时期都具有各自的建筑风格和街区特色。对其所在的街区来说历史建筑具有多层次的价值。芒福德在其《城市文化》一书中生动地描述了过去的城市怎样"利用不同时代建筑的多样性来避免因现代建筑的单一性而产生的专断感，而不断重复过去某一精彩的片断则可能形成一种乏味的将来"[186]。

在社会心理层次上，诸如潜藏在大众历史生活中的价值观念、审美情趣、思维方式构成的"民族性格"，是一种"集体潜意识"。往往历史久远而不衰，所以被人们称作"文化的深层结构"。因此我们在进行旧街区改造时，不能忽略当地居民的行为习惯和心态文化。

此外，历史街区的社会价值来自多种多样的建筑或街区中的美学价值，来自建筑与环境多样性的价值，来自它的遗产价值以及文化记忆的联系性的价值。对历史建筑和地段的保护对于社会整体而言具有某种无形的价值，它们的损失或者破坏都将导致社会损失。

（2）历史遗产保护很大程度上取决于对于城市的遗产地区达到一种强烈的公众共识。随着国务院和上海市政府批准建立了中心城区 12 块历史文化风貌区以及单体保护建筑的保护名单，上海能够通过自己的物质环境来证明自己的历史和文化的机会得到大大的增加。而对历史遗产保护规划的实施则是另外一个重要的问题。在上海的城市发展背景中，当研究者和专业人士对于城市文化和历史身份保护的提倡日渐增加的时候，欧洲城市规划模型的盛行却对于建成遗产造成了新的冲击 [66]。对于上海独特文化的理解是否促使市政当局放弃了西方城市规划的理念而寻求自己的城市规划与设计的体系，是上海城市发展保存自身文化特色的关键，也是上海对于自身城市文化意识的体现。

（3）水岸历史遗产空间与城市更新存在多重辩证的组合关系。在某些情况下，历史文化遗产对于城市空间更新会起到即时的推动作用，这体现在空间振兴、经济发展、文化品牌营销等方面；然而有时候却因为一些过时的问题出现对于城市再发展的阻碍，而这种过时，往往是一种价值判断，所以会成为更新中各种利益主体冲突的根源。同时历史街区保护和再开发是一项高度综合的工作，它涉及社会的经济基础、用地结构调整、增加有效就业岗位、社区合作和前瞻性的保护再开发策略等。这一点从南街港实践中可以看出。

（4）作为历史半殖民城市，对带有历史殖民色彩的城市遗产空间的保护呈现出复杂性的特征。从上海外滩遗产空间演变的过程中可以看出，对于外滩遗产空间价值直到新世纪才真正得到认可，并采取了行之有效的保护措施。而其发展历史却充满了对于西方和东方文化的认识冲突以及夹杂着民族主义的情感。而我们却看到某些城市却利用历史建筑遗产的保存作为城市发展的战略导向，历史文化空间从而作为一种城市策略而存在。例如新加坡，作为与上海一样的一个具有殖民历史的港口城市，新加坡积极利用文化遗产塑造崭新的全球城市形象，打造具有殖民文化特色的城市发展战略。

（5）水岸历史遗产空间"商品化"的危机。在后福特时期，城市空间也成为消费的客体。新自由主义经济带来了售卖城市的主张，在历史上的一段时间内，外滩成为高端消费场所的集聚地。历史文化街区在城市更新过程中出现的士绅化现象，在后现代消费社会，城市空间和历史遗产也沦为可供消费的商品，其背后却是难以解决的社会融合问题。文化在城市更新的语境下，可以被理解成"流动的城市奇观" [89]，是对于上层和中产阶级的回馈。约翰·汉尼根将这种开发描述为"奇幻城市" [90]。城市遗产的"商品化"现象在城市更新的过程中变得越来越普遍。商品化的遗产空间伴随着对于消费主体的讨论，水岸的历史遗产空间还是否能够为所有市民所公正的享有，还是仅仅被市民中的一些具有消费能力的阶级所占据。

（6）对水岸历史遗产空间的消费还伴随着城市旅游带来的影响。随着城市旅游的发展，外滩的公共资源不再仅仅为市民所享有，而是很大程度上被游客所占据，如何平衡外滩公共空间作为旅游空间与市民空间的冲突成为外滩水岸空间维持的重点。

同时全球旅游的发展在某种程度上造成了全球空间的同质化。一些不具备历史遗产空间的城市也极力打造出一些历史空间，试图吸引全球性的旅游资源，这形成了一种全球同质化的空间。一些原本具有历史空间资源的城市却在再开发过程中对其造成了破坏，例如，一些游客开始审视新加坡历史性区域的传统风貌消失的问题，对克拉码头传统风貌的逝去提出抗议。

此外，水岸历史遗产空间再生所采取的全球化的手法，也极易造成遗产空间的同质化。例如在美国纽约南街港的开发中，罗斯公司对于历史遗产空间节庆化的开发手法遭到了公众的抵制，最终退出了开发体制。节庆化的手法曾经被罗斯公司用于巴尔的摩内港和波士顿昆西市场等著名项目的开发中，并取得了显著的成功，然而却在南街港历史街区中以失败告终。

第5章
以水岸新区建设为特征的水岸再生
——上海浦东陆家嘴水岸空间

CHAPTER

5

5.1 陆家嘴水岸区域的发展历史

上海浦东新区地处黄浦江东岸，现总面积为 1210 平方公里，占上海市总面积的 19.1%，是长三角地区经济最发达、城镇化速度最快的地区之一。近代，浦江沿江一带码头繁盛，工厂林立，浦东沿江狭长地带已经同浦西一道步入城市化轨道。

20 世纪 80 年代初，浦东城市化地区主要集中在黄浦江沿岸，这一地区包括约 18 平方公里的原南市区浦东部分，约 15 平方公里的黄浦区浦东部分，约 6 平方公里的杨浦区浦东部分，总计 39 平方公里；有杨思、洋泾、庆宁寺和高桥等县属城镇和工业区，用地以工业和居住为主，布局比较混乱 [121]（图 5-1 ~ 图 5-3）。

80 年代浦东沿岸的主要问题是计划经济年代，黄浦江沿岸建设方针是"先生产、后生活"，沿线用地功能多是码头、工业和仓储。存在的主要矛盾有：与城市功能发展相矛盾—生产性岸线占 80% 以上，限制了公众亲水；与城市环境相矛盾——这一地区大量的煤炭码头和棚户简屋，对城市环境影响较大；与充分发挥土地效益相矛盾——码头和装卸区占据大段黄金岸线，土地利用经济性差；局部无序开发与整体利益相矛盾——这一地区横跨两岸五个行政区，各区在建在批的项目众多，相互之间缺乏统一协调和管理，形成无序开发状态，必将影响整个地区的整体效益；黄浦江沿岸码头使用状况与未来航运相矛盾—黄浦江水域条件无法满足现代航运的需要，码头腹地窄，发展余地小，造成航运量锐减，成本增加 [121]。

图 5-1 1982 年的浦东新区现状
资料来源：叶贵勋，上海市城市规划设计研究院．循迹·启新：上海城市规划演进．上海：同济大学出版社，2007．

图 5-2 1982 年浦东黄浦江沿岸地区现状
资料来源：叶贵勋，上海市城市规划设计研究院．循迹·启新：上海城市规划演进．上海：同济大学出版社，2007．

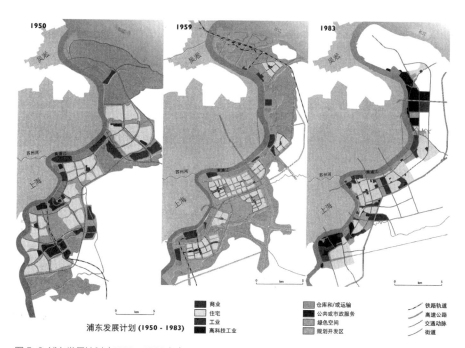

图 5-3 浦东发展计划（1950—1983 年）
资料来源：作者译自 Henriot C, Zheng Z A. Atlas de Shanghai : Espaces et représentations de 1849 à nos -jours. Paris: Paris CNRS Editions, 1999.

5.2 陆家嘴水岸再生的空间层级

5.2.1 国家政策下的浦东新区开发

1. 国家政策

自1990年国务院宣布浦东开发决策以来,该新区逐步发展成为中国最受瞩目的大都市中心,被视为政府权力和全球化资本推动新城空间再生产的典型代表[187]。开发浦东是振兴上海的战略性措施[188]。作为当时上海城市改造的方案之一(另外一个改造方案是建造卫星城来疏散上海的工业与人口)。其目的是将上海市区的中心东移,在黄浦江两岸建成上海市中心城区,再以此为基础向浦东纵深扩展,在开发浦东的同时推动浦西的改造,逐步形成一个横跨黄浦江两岸的大上海。此方案以扩大和改造上海市区为核心内容(表5-1)。

1986年,上海市政府上报国务院《上海市城市总体规划方案》中,在"中心城的布局"一节中,就浦东新区提出畅想"……浦东地区具有濒江临水的优势,将通过精心规划使之成为上海对内、对外开放都具有吸引力的优美的社会主义现代化新区"。因此浦东新区并不是一块开发区或者卫星城,而是上海市中心的一部分[188]。

上海市浦东新区综合规划1991年出台,由此上海市市域面积由于规划方案跨越了黄浦江而扩大了近一倍。方案中设想了穿越黄浦江的几座桥梁和隧道,并规划有陆家嘴中央商务区、花木市民文娱中心、制造业和工业区、世纪大道、重要的标志性公共建筑以及一系列的建设举措,都充分展示了浦东发展。以"一年一个样,三年大变样"为口号,经过十年的快速发展,在21世纪之交,浦东将自己的新形象展示在每个人面前。这也是20世纪90年代上海城市发展取得成功最明显象征(图5-4)。

浦东新区总体规划分成三个阶段,整体实施的时间表如下[119]:

(1)初始阶段(1991—1995年)。这个阶段的重点在于建设城市基础设施以及相应的重点地区的开发;

(2)重点开发阶段(1996—2000年)。基本形成浦东新区一形象和道路交通等城市基础设施的骨干工程,并实行重点地区的综合开发;

(3)全面建设阶段(2000年之后)。经过二三十年或更长一些时间,逐步实现总体规划中设定的新区建设的总体目标。

浦东新区包含金融贸易区(陆家嘴)、自由贸易区(外高桥)、出口加工区(金桥)、高科技园区(张江)、新港(洋山深水港)、上海浦东国际机场、信息港和浦东铁路[98],其中住宅规划被整合在其中。新区分为5个分区,5个分区根据其主要功能划分。每个分区有自己的工作区域、居住区域、商业中心和其他的设施,分区之间用绿化区域相分割,并对生态环境有所考虑(图5-5)。5个分区设计如下[63]:

表 5-1 浦东开发方案的形成过程

时间	内容
1984—1986年	上海在讨论、制订上海经济发展战略和上海市城市整体规划的过程中，开发浦东的呼声日益强烈，并逐渐为中央政府和上海市各界所接受
1984年12月	上海市政府和国务调研组向国务院提交的《上海经济发展战略汇报提纲》中，提出上海市的城市和工业布局"重点是像杭州湾和长江口南北两翼展开，创造条件开发浦东，筹划新区的建设"
1985年2月	国务院在批复上条提纲的通知中，明确肯定了这一意见
1986年	上海市政府上报国务院《上海市城市总体规划方案》
1986年10月	国务院对上条规划的批复中明确指出："当前，特别要注意有计划地建设和改造浦东地区。要尽快修建黄浦江大桥及隧道工程，在浦东发展金融、贸易、科技、文教和商业服务设置，建设新居住区，使浦东地区成为现代化新区"
1987年6月	上海市政府正式成立了开发浦东新区中外联合咨询小组
1987年7月	当时总理赵紫阳专门会见林同炎先生（浦东新区中外联合咨询小组外放组组长），就浦东开发问题交换了意见
1988年5月	上海市政府邀请了中外专家百余人，在上海举行了为期三天的"上海浦东新区开发国际研讨会"
1990年初	邓小平、杨尚昆访问上海，在与上海党政负责人谈话时，明确赞成开发浦东
1990年3月	姚依林副总理亲赴上海，与上海市政府商定了浦东开发的各项政策原则
1990年4月	上海的浦东开发计划获得中共中央国务院批准
1990年6月	国务院正式批复浦东新区的开发方案

（1）陆家嘴—花木区域，设计成为一个 30 平方公里的金融和贸易区及行政管理中心，人口为 50 万人；陆家嘴会成为上海 CBD 的一部分。

（2）外高桥—高桥区域，设计成为一个 62 平方公里免税区，人口为 30 万人。

（3）庆宁寺—金桥区域，设计成为 33 平方公里的出口加工区，尤其针对潜在的外国直接投资 FDI；人口为 45 万人。

（4）周家渡—六里区域，设计成为 35 平方公里的工业区，人口为 55 万人。

（5）北蔡—张江区域，设计成 17 平方公里的高新技术产业开发区，人口为 22 万人。

2. 基础设施的建设

总体规划强调了基础设施发展和环境因素的重要性，这些都会影响浦东新区的空间质量。与基础设施有关的计划部分强调了开发浦东作为交通枢纽的重要性，该基础设施计划的一部分强调

图 5-4 陆家嘴城市形象的演变
资料来源：上海陆家嘴有限公司.上海陆家嘴金融中心区规划与建筑 / 国际咨询卷.北京：中国建筑工业出版社，2001.

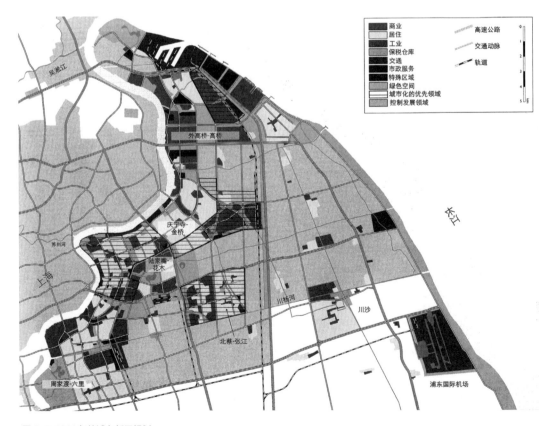

图 5-5 1991 年的浦东新区规划
资料来源：作者译自 Henriot C, Zheng Z A. Atlas de Shanghai : Espaces et représentations de 1849 à nos -jours.
Paris: Paris CNRS Editions, 1999.

了开发浦东作为交通枢纽，港口、机场和铁路设施的重要性以及发展信息技术以应对高速经济增长的需求，估计到 2020 年经济年增长率为 15% ~ 20%。为了使得长期目标更加可行，新的规划不仅重新设计了一些城市的主要道路（内环路、外环路和世纪大道）来配合浦东的扩大化发展，同时还确定了一系列重点基础设施项目，包括 [119]：

（1）建造南浦大桥、杨浦大桥以及浦东内环路，来连接浦东和浦西；

（2）重建和扩宽杨高路来连接所有的分区；

（3）在外高桥修建四个码头并重建内部水道，以方便水上运输；

（4）增加电缆通讯的承载力到 10 万条；

（5）开展将地铁 2 号线延伸至浦东的可行性研究；

（6）建设外高桥电厂（50 万伏电网）；

（7）建设一座额外的水厂（灵桥），调查浦东的新水源；

（8）扩大浦东煤气厂的产能；研究使用中国东海天然气进行区域供热的可能性；

（9）相关项目，如建设一个 1 千万平方米的住宅区和相关的公共建筑（一个为期五年的项目）。

基础设施的建设直接为浦东再开发奠定了基础，浦东陆家嘴的再开发与黄浦江上的三座大桥及两个江底隧道的建成有重要关系。1990 年浦东开发开放之前，沟通黄浦江两岸的除了"市轮渡"，就只有一条建于 1971 年、仅有 2 车道的打浦路隧道。此后，延安东路隧道、南浦大桥、杨浦大桥、徐浦大桥、外环隧道、卢浦大桥、大连路隧道相继建成，到 2004 年年底，加上复兴路隧道双层双管 6 车道，浦东和浦西间的通道达到 50 条 [189]（图 5-6）。

3. 企业、工业区、居民区的搬迁和重置

陆家嘴的中央商务区建设伴随着城市去工业化的过程，浦东新区从荒废的厂房及破败的居住区内拔地而起（图 5-7，图 5-8）。其中涉及了负责拆迁的项目管理机制 [63]。拆迁管理办法从何种程度上保护不同利益团体的利益，这为建设陆家嘴金融中心进行的拆迁为浦东拆迁工作提供了一种视角。这块区域曾经高度城市化，工厂和职工宿舍排列密集。在陆家嘴重新开发之前，首要任务是居民和企业的搬迁。在浦东，每一个拆迁项目都需要讨论几个问题。浦东新区行政中心（现浦东人民政府）建设局及房地产和土地管理局管理部门主任唐一村称，拆迁开始前要满足几点要求 [190]：

"首先，只有持有拆迁资格的拆迁公司才能进行。在此资格认证体系的帮助下，政府至少能确保这些公司理解与拆迁有关的规章制度，并拥有主持拆迁工作的专家。浦东有 18 家公司持有资格证。第二，拆迁项目需要满足拆迁资格的所有要求才能开始。这些要求包括立项、土地使用计划获批、时间段和规模、批准国有土地出让，如果土地是集体所有土地，还需要考虑时间段、规模和土地征用。第三，任何拆迁引起的争议都要首先经由建设局调解。如未能达成一致，则将争议上报至地方法院作为普通民事案件处理。"

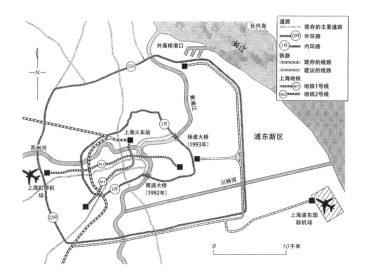

图 5-6 上海的基础设施计划
资料来源：作者译自 Olds K. Globalization and urban change:capital, culture, and Pacific Rim mega-projects. Oxford:Oxford University Press, 2001.

上海陆家嘴发展（集团）股份有限公司（Shanghai Lujiazui Development (Group) Company Ltd., SLDC）是上海市政府（SMG）于 1990 年 8 月成立的五家公司之一，负责陆家嘴金融和贸易区的土地开发。陆家嘴市城市建设发展有限公司（Shanghai Lujiazui City Construction Development Company Ltd.,LCCDCL）是 SLDC 的子公司，于 1991 年成立，曾是浦东 18 家拆迁公司之一，并持有拆迁证。SLDC 发布了分区规划和可建设用地通知。如果某房地产开发商决定租用某地块，且 SLDC 和该开发商之间已经签订了合同，SLDC 将立即与 LCCDCL 签订合同来处理居民和企业的搬迁。SLDC 将要求顾问协助计算总成本，LCCDCL 将聘请另一名顾问来计算薪酬成本和运营费用。对于这个项目，只要双方完成计算，价格谈判就会开始。SLDC 会在项目开始前支付押金给开发商，开发商将及时调用资金支付拆迁补偿。项目一经官方正式批准，商业建筑和住宅的拆迁即可展开。官方批准意味着城市规划局正式接受了该项目作为符合该地区的总体规划的一部分，并授权规划许可和租赁国有土地的许可。这些都受到规定的时间和规模的限制，并且必须征收集体所有的农村土地。

拆迁的大部分工作涉及企业建筑、工业建筑和其他建筑的拆迁。LCCDCL 需要考虑两大问题：其一，企业建筑拆迁的标准补偿问题；其二，在拆迁期间可预见的商业损失。LCCDCL 的首要任务是计算受拆迁影响的相关不动产的价值、现有库存的价值、职工工资、待拆迁面积，最重要的是现有员工的未来去向。这些数字将和企业提供的数字作对比。此后将公布企业未来的地址（通常面积更大），并且谈判开始进行。有时候协议必须由上级母公司或上级管理部门强制执行。被

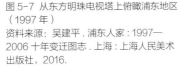

图 5-7 从东方明珠电视塔上俯瞰浦东地区
（1997 年）
资料来源：吴建平 . 浦东人家：1997—
2006 十年变迁图志 . 上海：上海人民美术
出版社，2016.

图 5-8 从未建成的金茂大厦位置上俯瞰东昌路、东宁路、烂泥渡路等地块（1998 年）
资料来源：吴建平 . 浦东人家：1997—2006 十年变迁图志 . 上海：上海人民美术出版社，2016.

拆迁企业租赁新土地的成本将从补偿金额中扣除。

相比而言，城市家庭和农村家庭（农民）的拆迁更加复杂。在浦东，尽管有些家庭拥有自己的房子，大多数城市家庭作为租客居住在由雇主建造的公共住房中。两种情况下的初始程序都是相同的。当一片街区需要拆迁时，LCCDCL 将拜访居民，张贴告示，或递交传单解释拆迁工作和预期的补偿金。每户可自由选择新房或现金形式的补偿。咨询会议被用来安排处理任何有关问题。如果某个拆迁户还不能住进新家，那么经协调的补偿金额会被支付直到其入住新家。如果新住宅不能在法定期限内使用（通常 3 个月，一般不超过一年），那么补偿的金额可能会提高。面临搬迁的家庭不能反对该项目本身，但可能会继续反对搬迁的方式或补偿水平。如果某个居民区被拆除，然后在原地址又建立了新居民区（这种情况在陆家嘴很少发生），那么原来居民原则上有权返回该居民区。如果一个家庭不愿意接受这笔交易，它可以向浦东新区政府的房地产管理局（Pudong New Area Government's Real Estate Management Bureau）上诉。如果房地产管理局无法让双方取得一致，那么人民法院将最终裁决。

农村家庭和城市家庭搬迁重置的初始流程是一样的，但对于失去土地和工作的农民而言就业和福利安排有所不同。浦东一大批农村居民受到拆迁影响，这源于浦东城区的迅速扩张。

统计显示，自 1990 年以来，已有 178663 户农民被安置，其中 128706 人被列为务工人员，49957 人退休。在 2002 年 10 月的一次采访中，曾经为浦东土地（控股）公司（Pudong Land (Holding) Company，最近与 SLDC 合并）工作的 SLDC 规划师龚秋霞描述了她的前公司在搬迁农户时不断遇到的问题[190]：

"与浦西的拆迁情况不同，浦东不得不处理土地征用和拆迁这两大问题。这意味着，我们不得不为农村拆迁家庭寻找新工作，因为我们不仅拿走了他们的土地，还包括他们的生产资本和生产能力。我们不仅必须为他们提供城市居民的新身份，还需要为他们找到工作。为了解决这个问题，浦东土地（控股）公司成立了一个全年提供各种培训项目的就业中心。每年，公司都会收到政府提供的特殊就业基金补贴，用于建立新企业并雇佣拆迁户农民。遗憾的是，多数企业都遭遇了彻底的失败。少数幸存者有物业管理公司和致力于绿色空间的公司。他们提供的工作，比如物业保安、保洁或绿化带维护等，受到拆迁户农民的欢迎，因为这些工作对专业知识技能、工作纪律的要求都很低，而这些都是 35 至 45 岁农民的特点……"

被拆迁重置的农村家庭面临着巨大挑战。他们多数人都对拆迁抱有复杂的情感。一方面，他们成了城市居民，这种新身份对他们而言非常理想，因为可以因此享有城市居民才有的福利保障；另一方面，新生活意味着他们失去了土地和原有的工作，而新城市公寓和他们传统乡村两层小楼有很大差异。负责任的拆迁程序通常会考虑以下因素：首先，将农村居民搬迁到和原居住地相邻的地区，同之前一个村的邻居一起；第二，提供特殊住房条件，比如建设双阳面卧室而非南北卧室，而且要在祖辈卧室里会见宾客而非在客厅里。最重要的是，农村居民的拆迁工作意味着更多的失业补偿金。低于 45 岁且找到工作的居民收到了一次性的补偿金，约 15 万元；剩下的居民，SLDC 需要提供新的工作技能的免费培训课程，然后再寻求就业。大于 45 岁的居民被 SLDC 视为退休人员，并享有退休金。对于更年轻的人而言，享有更好生活的机会更大。而对于更年长的人而言，这种情况就更无法确定了。

给予养老金意味着他们享有之前从未享受过的稳定收入，但是他们与旧生活方式的心理依恋依旧紧密。SLDC 还要为强制土地征用带来的新劳动力负担 15 年的退休金、医保和其他经济补偿。最困难的是，年龄未到享有退休金但缺乏教育背景和工作经验的居民依旧被要求就业。35—45 岁的居民花了最长的时间才可以适应变化，生活也最艰难。他们无法吸收太多的培训，也无法适应充满竞争的就业市场。在某些案例中，由于失业、疾病或其他冲突，最终让这部分人群对拆迁和拆迁公司的看法从起初负责任的印象有一定转变。

5.2.2 陆家嘴中央商务区空间重塑

1. 政策转变

在社会主义市场经济的指引下，上海经历了前所未有的增长，城市化面貌改变的速度是前所未有的。特别是浦东新区，这是未来五十年中国经济发展战略的重点。而陆家嘴作为浦东新区发展的龙头，作为中央商务区或者"国际自由贸易区"，将推进中国成为世界金融领袖[191]。上海的陆家嘴地区，是创造中国新的国际金融区的空间应对（图 5-9，图 5-10）。陆家嘴中央商务区

图 5-9 上海浦东开发前的陆家嘴
资料来源: 上海市规划和国土资源管理局

图 5-10 上海浦东陆家嘴 CBD 形式逐渐出现（2002 年）
资料来源: 上海市规划和国土资源管理局

与浦东新区的大型城市运营项目一起，整合了上海东南部 522 平方公里的开发区，而这部分区域由黄浦江与原有的老城区相分隔[140]。

时任上海市长的朱镕基表示，如果陆家嘴的项目想要获得成功，如果上海想要成为一个国际化大都市，那么这个项目必须具有全球影响力，而不是仅仅考虑本地的条件（图 5-11）。新中国成立近四十年来，中国对于世界其他地区处于封闭的状态，积极抵制外国的影响。不过朱镕基公开征求外国人的意见，包括朱市长在内的上海官员代表团于 1991 年访问了多个国际城市。朱镕基和他的代表团认识到，如果陆家嘴要成为全球金融中心，就必须像这样进行营销。这就需要围绕项目周围进行一些奇观的元素的开发。

在 1990—1991 年此区域产生了 4 个设计方案。四家国际设计公司与中国团队一起参与该项目的设计过程。这四个团队是来自英国的理查德·罗杰斯（Richard Rogers），来自意大利的福克萨斯（Massimiliano Fuksas），来自日本的伊东·丰雄（Toyo Ito）以及来自法国的多米尼克·佩罗（Dominique Perrault）。

这是一个富有愿景的项目，是一个国家刚刚开始意识到自己在世界上的地位的体现。它也是一个全球性的城市项目，其创建源于对金融、商业与城市空间创造之间全球化动态潜在关系的理解。陆家嘴认识到场所在新的全球经济中发挥的重要作用，并试图利用它[191]。

2. 陆家嘴国际咨询规划

在 20 世纪 90 年代早期产生了一系列城市开发概念，例如分区制（Zoning）、中央商业区（CBD）、企业区（Enterprise Zones）和免税区（Tax-Free Zones）以及其他相关意象，如作为象征性地标的超高层建筑、生态建筑和智能建筑，主要由法国、美国和日本的规划和建筑专家所定义。这些概念在陆家嘴中央商务区规划早期被引入上海，并应用于这个世界上最大的国

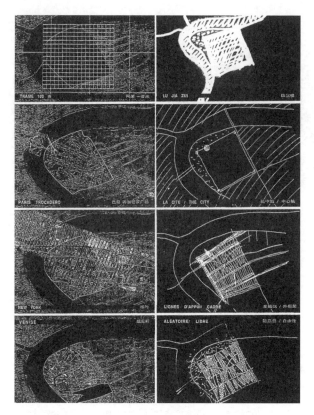

图 5-11 巴黎、威尼斯和纽约作为陆家嘴的参考
资料来源：上海陆家嘴中心区国际规划与城市设计咨询委员会

际金融中心之一。这种思想传递由上海市政府（SMG）的代表发起并引导，并与以巴黎为总部的法国代表进行合作。1992 年上海东方传媒集团有限公司监管了陆家嘴的市场化营销过程，这个过程需要依靠来自香港、台湾和中央政府各部门的物业投资。

　　数量稳步上升的国外机构和公司也支持了上海市政府的设计战略规划以进行城市重塑的工作。在 20 世纪 80 年代至 90 年代期间，世界银行（World Bank）和亚洲发展银行（Asian Development Bank ADB）通过协助环境规划以及制定大都会交通系统战略规划引导了上海的领土和区域改造（Territorial and Sectoral Restructuring）。1990 年，亚洲发展银行赞助了建设基础设施（供水和供电）的研究，面积覆盖浦东 522 平方公里。1991—1992 年，亚洲发展银行任命加拿大渥太华科瑞澳有限公司（Chreod Ltd.）联合 PPK 咨询公司（PPK Consultants）和澳大利亚金希尔工程有限公司（Kinhill Engineers Pty Ltd.）一起制定了浦东的战略规划[192]。联合国（联合国开发计划署）是首个参与浦东新区开发建设研究的机构之一，尽管实际上它更加倾向于沪嘉高速公路（从上海至嘉定）和沪金高速公路（从上海至宁波）沿线建设新的卫星城镇的计划。该机构认为由于黄浦江上没有桥梁，因此浦东开发无法充分利用上海现有基础设施。对此，中国专家提出了几个观点，体现了浦东开发的优势。尽管浦东的基础设施老旧，然而它已经安置了上海地区的主要基础设施（污水、电力和港口设施），也可容纳上海第二机场。同时上海真正想要实现的是恢复遗失的商业和服务业功能，沪嘉沪金沿线的新区域只可能成为新的卫星城，不会成为中央商务区，也无法支持上海外滩历史性中央商务区之前所执行的功能。虽然隔着黄浦江，然而浦东新区仅距离外滩 500 米，可以提供更佳的机遇。讨论以青睐浦东方案所结束。

浦东的发展战略产生了最大的全球性影响质疑来自法国，这不仅是因为中法整体良好的政治关系，以及上海和巴黎的关系，也是因为历史上上海与法国紧密的殖民关系以及法式风格的文化和建筑影响力。1988 年 2 月，上海市城市规划设计研究院（SUPDI）制定的 1.7 平方公里陆家嘴中心区规划计划终于明确了陆家嘴的中央商务区的身份。建筑物的占地面积约 180 万 ~ 240 万平方米。据高级规划师黄富厢所称，陆家嘴计划非常大胆，以至于上海市城市规划局（Shanghai Urban Planning Bureau）甚至不敢将其纳入地方级审批程序中。后来，人们注意到这项提案是因为巴黎管理和城市规划研究所（IAURIF）的官方影响力。1985 年 9 月，IAURIF 与 SMG 和北京市政府签订了合作协议，为大都会建设提供技术支持。巴黎私人和上海政府及官员的专业合作和社会联系为上海全球智能军团（Global Intelligence Corps，GIC）的最终形成打下了基础[193, 194]。引导这种合作关系的关键是法国官员 Gilles Antie，他是一名地理学家、城市规划师及 IAURIF 国际事务的主任。这种合作由法国政府推行，随着上海的开放，法国商人预见了广阔的未开发市场。由于国家政府仍旧在中国的商业活动中扮演重要角色，而且"关系"（基于互惠互利的关系系统或人际关系）也是与中国人做生意的重要因素，因此这些努力也可以被视为促进中法健康、稳定、互信关系的进一步努力，也有利于法国商人在上海顺利开展商业活动。

中国上海和法国之间合作的另一个例子是国际招标进程，在 1992 年为 1.7 平方公里的浦东—陆家嘴金融中心提供咨询。这种赞助成本由上海市政府和大量法国小公司分担。大量活跃在国际舞台上的著名设计师如理查德·罗杰斯（Richard Rogers）、多米尼克·佩罗（Dominique Perrault）、伊东丰雄（Toyo Ito）受邀为陆家嘴等重点领域制定总体规划（表 5-2）。其他在建设规划中任顾问的国际知名设计师有让·努维尔（Jean Nouvel）、奥雅纳建筑事务所（Ove Arup & Partners）、诺曼·福斯特建筑事务所（Norman Foster & Partners）、伦佐·皮亚诺（Renzo Piano）和詹姆士·史特灵（James Stirling）。这些国外设计师此前从未涉及与中国有关的项目，但是上海市政府想雇佣的国际建筑设计界名流必须清楚一个未来主义的 21 世纪国际中心应该是什么样子[193]。奥尔兹（Olds）同时总结，这种国外理念的输入对最终的规划蓝图没有什么影响力，不过这不重要，因为他们扮演的角色更加具有营销性：陆家嘴因由全球建筑设计精英而变得品牌化，上海市政府充分利用了"自己的身份实现了更广阔的目标，这绝不限于 17 公顷的规划区域"[194]。宣传册和网站上所包含的图像吸引了更多的全球资本进入浦东。

缺乏中国经验意味着，这些设计师把浦东当作一块白板（Tabula Rasa）。"全球设计师"

表 5-2 陆家嘴中央商务区的设计方案

团队	方案模型	方案平面图
马西米利亚诺·富克萨斯（Massimiliano Fuksas)的陆家嘴提案	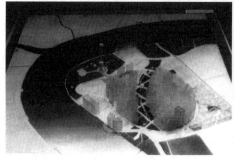	

马西米利亚诺·富克萨斯（Massimiliano Fuksas）提议将一座传统城市置于未来城市的场地上，它保持传统的平面形式，但是扭转了相对的高度。这座破旧而低矮的城市转变为被摩天大楼主宰的区域

多米尼克·佩罗的陆家嘴提案		

多米尼克·佩罗（Dominique Perrault）的方案认为如果没有"创始行为"，一个城市不可能不存在。在他的方案中，佩罗设计的摩天大楼组成了两面巨大的墙壁，介于河流和旧城区之间。它构成了未来城市与旧城之间的巨大过滤器，位于城市的实体和与河流接壤的大型公园之间

理查德·罗杰斯的陆家嘴提案		

理查德·罗杰斯（Richard Rogers）的方案是一个非常严格过程的结果，它将所有可能影响未来地区的数据整合在一起。它把这个地区组织在一个大型的环形城市结构中，在黄浦江的内侧被构建起来，并更好与外滩整合。

罗杰斯认为，"城市设计是一个动态而非静态的过程，专注于建立一种强大的基础设施（开放空间、循环系统、交通网络等），形成一个设计和建设的框架"。陆家嘴的规划是基于混合而非功能分区的原则来建立一个24小时运转的城市新区。综合性的交通策略减少了对私人汽车的依赖，从而降低了能源消耗和污染[199]

续表

团队	方案模型	方案平面图
	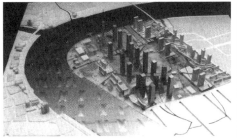	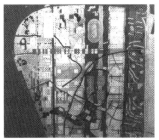

伊东丰雄的提案为这个城市带来了全新的视野，而不仅仅是空间的概念。这个概念依赖于城市功能的并置和叠加，但对它的处理方式不同。伊东丰雄发明了一个同时有序和随机的村庄，随着它的建立而逐步被定义

| |  | 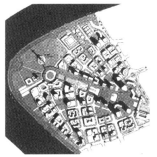 |

上海团队非常熟悉该项目场地、方案实施的方式以及更多的与上海的关系。它的方案构想了一个沿着一条中心轴线发展的城市，为该区域提供交通的联系，同时确保为未来建设提供大量的灵活性

资料来源：上海陆家嘴开发集团有限公司

的创意偏好源自中国城市，与现存的情况几乎没有任何关系而且没有考虑到搬迁现有居民等实施问题。当地情况在很大程度上被忽略了。似乎每座城市都被一视同仁。他们提出的规划采用了设计其他国际城市的经验。例如，伊东的提议大量沿用 1992 年安特卫普（Anterp）大块区域的规划蓝图，佩罗的计划也过多地参考纽约、威尼斯和巴黎的规划 [194]。这都表明，卡斯特尔的"流动空间"理论被重复适用于不同社会规划中，使得建筑形制趋于一致 [195]。正如理查德·罗杰斯所称，上海是一座现代化城市，这些全球化的现代化城市都是同一种方法塑造出来的 [196]。看起来似乎参与上海本土发展的全球力量低估了场所精神和全球与地方之间复杂的关系网络。

然而，这些设计提案提供的信息和知识对实际规划而言并非毫无意义。很多提议实际上被上海当地的规划师采纳了，但是以一种更务实和更实际的方式调整为更适应当地情况的方案。这是全球信息被调整以便适应当地环境的案例，这说明全球和地方特征的表达是二元的、动态的、持续的紧张状态。全球和地方之间的关系是有情境的 [197]。全球化是一个开放式的过程，其中涉及平衡全球和当地的机会与威胁 [198]。

在陆家嘴的城市建筑体系中，金茂大厦就是个典型例子：受到现代建筑的启发，这是一座现代化摩天大厦，同时因为其尊重中国传统价值也是中国人引以为豪的建筑，它的设计成为浦东高层建筑最受人欣赏的建筑设计之一。它的设计和工程过程是有趣的建设性"地方—全球合作"的象征。"实际上，在整个浦东陆家嘴区，中国政府一直采取引入国际设计公司并与当地设计机构合作的策略，意在打造真正的'国际都市'。他们寻找的不仅是摩天大楼设计专家，也是为审美疲劳的当地建筑风景注入新的创意。"[63]

3. 陆家嘴建设规划后期阶段

陆家嘴规划蓝图 5 份概念性规划，平均每项约 20 页，为修改陆家嘴中央商业区的规划蓝图提供了一系列建议。这些建议有关交通问题、绿化空间、城市形态、分阶段实施的可行性、城市活力、历史背景、未来信息和技术的变革、与其他区域的联系、项目规划、区域管理以及下一阶段的建议等。

从所有内容和目的来看，陆家嘴建设规划（LICP）被有效的完成了。在 1993 年早期，上海市城市规划设计研究院（SUPDI）的规划小组、陆家嘴金融贸易区开发股份有限公司（Lujiazui Finance and Trade Zone Development Corporation）、华东建筑设计研究总院（ECADI）和同济大学共同协作两周，为陆家嘴的未来规划提供了三个选择。第一个选择结合了理查德·罗杰斯（Richard·Rogers）的很多建议，第二个选择主要利用上海团队的建议和思想，第三个选择反映了对现有的 1991 年规划方案（由上海市城市规划设计研究院设计）的稍做修改。前两个方案涉及对现有基础设施进行大量整改，并进行租赁场地的迁移来满足设计标准。

在同一时期，高级顾问委员会和技术委员会召开了几场会议，回顾取得的进展。正如很多上海官员和法国专家（以前有过在中国的项目经验）所预见的那样，第三个选择被采纳了。这种务实的选择对现有基础设施的改变最小，几乎所有的租赁场地都留在原来的位置，整体城市形态通过大规模的建筑重组而变得更加独特。一场由中国和国外专家组成的大型国际会议在 1993 年 3 月 5-7 日于上海召开，并最终确认了这个决定。图 5-12 清晰描述了陆家嘴中央商务区城市规划结构在 1986 年、1991 年与 1994 年之间的变化。进一步的修改建议陆家嘴打造独特的城市天际线，包括建设三座极高的摩天大楼并打造"三塔地标"（约瑟夫·贝尔蒙特（Joseph Belmont）的建议之一）、建设一系列面向扩大后中央公园（世纪公园）的摩天大楼以及基础设施供给的进一步加强[194]。

截至 1993 年 5 月，修订后的规划蓝图由当时的上海市副市长夏克强批准，正式批准文件由上海市政府在 1994 年初出台。陆家嘴中央商务区（LCFD）的修订后蓝图将包含 69 座建筑，总建筑用地达 418 万平方米。总建筑面积的 75% 用于金融、商业和贸易、办公室和酒店建筑，16% 用于购物中心、6.6% 用于居住区，2.4% 用于"文化和娱乐"。34% 的总土地面积用于开放空间（包括 10 万平方米的世纪公园）（图 5-13，图 5-14）。

1986年规划

1991年规划

1994年规划

图 5-12 比较性的城市结构，1986 年方案、1991 年方案、1994 年方案
资料来源：Olds K. Globalization and urban change:capital, culture, and Pacific Rim mega-projects. Oxford:Oxford University Press, 2001.

图 5-13 陆家嘴中央商务区规划
资料来源：王绪远 . 陆家嘴：城市前沿空间 . 上海：上海文化出版社，2003.

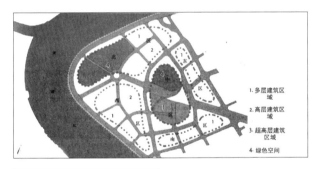

图 5-14 陆家嘴中央商务区城市设计
资料来源：Chen Y. Shanghai Pudong : urban development in an era of global-local interaction. Netherlands:IOS Press, 2007.

　　陆家嘴的典型城市格局是塔楼位于大型城市街区中，每座塔楼周围都有大量的开放空间，每个街区都被广泛的交通道路包围，这些道路可通往主入口广场或每座塔的地下停车场。这些塔通常包含商业办公空间或主要购物中心。由于这种以汽车为中心的交通系统地面车流量较高，近年来又增加了一些行人天桥，形成了第二个供行人使用的街道级别 [62]。

4. 陆家嘴建筑堆场

　　浦东的摩天楼建造已经不仅仅是一个工程层面的问题，而是一个社会问题，它标志着国际建筑师和规划师开始全面参与上海的建设，也标志着上海的建筑以一种新的姿态进入国际视野。相对于外滩的形成过程，西方的势力以一种强势的姿态入驻，而中国是被动的、没有话语权的；而陆家嘴的开发则是中国主动张开双臂，邀请西方的参与，为其出谋划策，并且以主人的身份，决定着未来的浦东，未来的上海将呈献给世人怎样的面貌。大量西方建筑师设计合作项目：上海商城、金茂大厦、环球金融中心、第一八佰伴等。

最著名的例子上海金融中心的方案，针对其建筑形象经过两轮修改。环球金融中心由美国著名建筑设计公司 KPF 事务所设计。与此同时，香港正在建造 480 米高的联合广场，台北也在建造高达 508 米，101 层的"台北 101"大楼，为了保持"世界第一高建筑"的纪录，环球金融中心的新方案将原本 460 米高的 94 层建筑，改为 492 米 101 层，可提供商业、办公、酒店、美术馆等多种功能。项目负责人，美国 KPF 事务所的保罗·卡茨（Paul Katz）介绍，上海环球金融中心采用由外围的柱、梁、斜撑形成的"巨型结构"和由钢骨、钢筋、混凝土构成的核心筒组成，比一般超高层建筑更为坚固。上海环球金融中心有限公司董事长吉村明郎介绍，"第一高"的修改方案除了高度和层数等方面有所动作外，更注重了和周边楼群的协调性。"第一高"在建设中遵循了陆家嘴地区规划中"山"字形规划，即以环球金融中心，金茂大厦等三幢大楼形成的建筑群"峰尖"，以一批 200 米左右的建筑构筑第二层，一批 100 米左右的建筑构筑第三层。

该项目早在 1997 年时就通过了上海外经委的审批，总投资逾 750 亿日元，由日本森大厦株式会社的全额子公司森海外株式会社及日本银行、保险公司、商社等 36 家企业，协同政府系统机构日本海外经济协力基金——OECF 联合投资。

1997 年 8 月 27 日，上海环球金融中心正式奠基，但此后该项目便搁置不前。上海浦东新区经贸办公室负责人说，上海环球金融中心项目搁浅的主要原因是 1997 年亚洲金融危机导致日本投资方出现资金短缺。之后，又出现了"设计方案风波"。大厦顶部设有两处观光天桥，最顶端造型为一个直径 50 米的圆形镂空。而这个镂空引来了中国方面的不满。中方认为该设计过于日本文化，不能接受。设计者、KPF 随即进行了小小的修改——在圆形的下半部分增加了一座桥。设计师认为，这样一来，不仅消除了争议，还因此使顶部采光层的链接效果更佳。对于大厦最顶端的圆形镂空造型，设计方曾经解释了两个原因：一是位于浦东陆家嘴东方明珠塔的造型是一个实心球体，环球金融中心与之正好形成一虚一实，遥相呼应；二是中国传统建筑中有"月洞门"的造型，这个镂空圆形也体现了东方文化中天与地的关系。然而，2005 年 10 月 18 日，上海环球金融中心有限公司宣布，上海环球金融中心的外观造型最终确定，原本设在大楼顶部的直径 53 米的圆孔造型已调整为上宽下窄的倒梯形，预计中心将于 2008 年初竣工 [189]。

一些中外评论家认为陆家嘴的"建筑戏剧场"（Architecture Drama）反映的是紊乱、失序和浮华。有趣的是，"外国建筑师的设计方案是由上海方面选定的，是一种完全主动的吸纳，中国人不但完成了全部的建造工程，而且参与了后期的全部设计工作，所以说小陆家嘴是中外建筑交流的结晶"。这与外滩的西方化形成了强烈的对比，外滩的西方建筑群是一种被动的接受。而在陆家嘴的城市形象塑造上，中国已经开始有自己的主动权，这体现在陆家嘴地区的规划与建筑设计上。

图 5-15 陆家嘴中心区旅游带
资料来源: Denison E. Building Shanghai : the story of China's gateway// Ren G Y. Chichester. West Sussex: Wiley-Academy, 2006.

图 5-16 浦东新区的高层建筑雨后春笋般从多层住宅区中升起
资料来源: Denison E. Building Shanghai : the story of China's gateway// Ren G Y. Chichester. West Sussex: Wiley-Academy, 2006.

今天，在陆家嘴金融贸易中心区 1.7 平方公里的土地上，汇聚了 130 多家中外金融机构，1200 多家中外贸易公司，4000 多家法律、会计、财务、咨询等现代服务机构和 7 个国家级要素市场。当浦西外滩在改革开放初期逐步恢复金融功能时，陆家嘴依然是陈列着旧的码头，仓库以及简陋的民居。20 世纪 90 年代，陆家嘴摇身一变，伴随着金融、贸易功能，这一区域的旅游、会展、餐饮业开始活跃。金茂大厦、东方明珠塔、国际会议中心、滨江大道、海洋水族馆、观光隧道、正大广场等多功能设施，构建出陆家嘴中心区旅游带（图 5-15，图 5-16）。

5.2.3 陆家嘴滨江公共空间的塑造

陆家嘴滨江公共空间是黄浦江两岸从杨浦大桥到徐浦大桥 45 公里岸线公共空间贯通开放工程的一部分（图 5-17 ~ 图 5-19），滨江空间于 2018 年 1 月正式开放。滨江边布列着原有煤仓及其廊架改造成的艺仓美术馆、上海船厂造机车间改造而成的"船厂1862"、民生码头 8 万吨筒仓、大歌剧院和浦东美术馆等重大文化设施。以城市更新为主题，以岸线、绿廊作为主要的开放空间载体，以亲水步道、慢跑道和慢骑道三条主线串联沿江重点区域和重要节点。黄浦江东岸沿线将以"城市生活与滨江空间交织互动"为核心理念，譬如东至民生路，南至滨江路，西至其昌栈水门，北至黄浦江的新华滨江绿地，岸线长约 1546 米。该绿地将建设成与城市连为一体，绿色林荫道贯穿其中的开放空间，重点提升文化展示和体验功能，还将结合连续的高桩码头平台打造独具特色的滨水舞台秀场[200]。

图 5-17 杨浦大桥附近多层级的滨水空间

图 5-18 滨水步道标识系统

图 5-19 工业要素的保留

5.3 以水岸新区建设为特征的水岸再生中的特征 与冲突

5.3.1 水岸新区建设中新的城市治理模式

1. 全球化时代新的城市治理模式的出现

改革开放将上海与全球化的系统相衔接。当城市开始体验到技术、社会、经济的流动以及全球性的改变时，城市的国际化越来越多地迫使他们为资源、商业和人才进行竞争[201]。港口城市最先经历这种变化的。20 世纪八九十年代的现代化、集装箱化和计算机化不仅仅为全球港口城市提供了更好的访问性，同时也导致其不得不处理其与邻近的港口城市日益加剧的竞争。

上海作为开放的沿海城市被中央政府指定为在长三角地区发挥经济的"龙头"作用[202, 203]。上海浦东区域如此迅速转型的背景因素有两点：网络社会的崛起，改变了城市中传统组织运作的方式并提供了新型城市治理的新模式以及公私合作；另外一个是由经济全球化和全球资本流动而导致的城市网络的形成[63]。

在城市中发挥作用的复杂的国际和外部领域工作不仅在界定复杂、动态和多样化的社会政治世界发挥作用，而且越来越多地在城市的政治、经济、社会和文化国际化中发挥作用，对现有的城市系统提出重大挑战。为了满足这些挑战并且为了利用全球变化中的财富，新的城市议程需要将它的政策的注意力调节和分配给促进经济增长和提高城市竞争力。

浦东的发展符合一系列在地方、全国和全球层面力量的流动。世界正迈向全球化，其中，思想、信息和资本正流向那些可以妥善接纳它们的地方。中国实施经济改革和开放政策从根本上改变了其政治和经济局面。中国的经济改革方式是渐进式的，但也是务实的，包括向外界学习、尝试新战略并试图为城市发展和经济改革寻找最佳解决方案。作为中国最重要的经济中心，上海在中国国家战略中享有重要地位。尽管上海人多年来一直致力于复兴城市并改造浦东落后地区，但是为了在当地和中央决策制定者之间达成一致，花费了更长时间探索一个合适的机遇。试图了解上海浦东雄心勃勃的发展战略背后的动机以及开发策略的选择，重要的是了解国家内部的制度框架[63]。

有几种因素加快了发展浦东的最终决定的落实：通过公众讨论在地方层面达成的强烈共识，以及专家学者、政府官员、地方领导、商业世界和国际社会的共同努力。公众讨论从未出现在中国过去的封闭式规划进程中，有助于鼓励持不同观点的人们表明自己的需求和利益，也有助于为共同目标达成一致。第一，发展浦东的决议考虑了政治和国家经济问题，让中央政府和地方政府更容易发现支持该决议的共同立场基础。有趣的是，中央政府为平衡上海和其他省份利益冲突做出了努力。通过将浦东与极其广阔的内陆腹地的建设联系起来的双赢战略，中央政府成立了新的联盟有助于从政治和经济上支持浦东建设项目。通过这种方式，中央政府帮助建立了有利的环境，

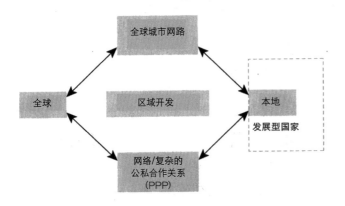

图 5-20 地方与全球的力量流动
资料来源：作者译自 Chen Y. Shanghai Pudong : urban development in
an era of global-local interaction. Netherlands：IOS Press, 2007.

这是地方政府无论如何也无法单独完成的。第三，该项目的特点是各方国际势力渗入各个领域，不仅局限于建筑和城市规划。这种渗透受到多方因素的鼓励支持：愿意拥抱新思想新信息甚至国际社会适用的原则和法律框架的当地意愿；认为这种互动是将上海重新打造为全球城市的唯一方式；以及国际社会对中国巨大的未开发市场具有的浓厚兴趣。这些因素都有助于以一种可见的方式存在于浦东建设的方方面面，提高国际社会和当地社会之间的互动。

　　全球化是一种偶然发生的、非统一的、临时的网络化进程，绝不会导致简单的同质化的产生，全球化也引发了大量的本地化阐释和转化。尽管建筑发展倾向于从每个社会的历史和文化中逃脱[195]，上海的案例依旧表明，全球化对城市的影响应该侧重于全球—地方连结的动态变化（图5-20）。正如事实证明的那样，全球化进程具有大量产生于历史和当地文化的意识形态维度，这些维度在全球化城市建设过程中发挥着重要作用[63]。

　　中国的特殊政策背景决定了权力必定成为空间生产的主导者，资本成为空间生产的重要推动力量，因此有必要在市场经济框架之外重新审视新区空间生产过程背后的驱动机制[187]。

2. 公私合作（PPP）

　　在信息网络的社会，不同的团体之间界限变得模糊。公共部门和私营部门之间的明显界限被相互依赖的关系所取代[63]。引入公私合作关系（PPP）是浦东务实外国管理技术方法的另一引人关注的举措。事实上，当时的一些研究人员怀疑 PPP 模式对亚洲国家的适用性，他们认为这些国家的政治和社会文化远不如西方文化适合这种多元或者合作服务模式[204, 205]。儒家的等级结构及其对一个国家政治和社会结构的影响可以解释 PPP 实施过程中遇到的困难。这种说法更多的是基于对文化差异的理论分析，而不是对实际问题的探索。然而，浦东的发展确实涉及很多不同

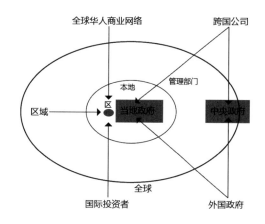

图 5-21 浦东开发过程中复杂的公私合作关系 [63]
资料来源： Chen Y. Shanghai Pudong : urban
development in an era of global-local interaction.
Netherlands:IOS Press,2007.

类型的参与者（图 5-21）。

　　浦东开发之际正是中国改革开放房地产开发之时，土地和住房改革都促使浦东区域得以迅速发展。这是第一次出现在中国城市中的现象，城市规划和城市发展不仅仅是一项公共举措，而是广泛的利益相关者群体的集体责任。由于需要获得财政和公众支持，这种交互式方法在实施阶段变得更加普遍，这与中国传统的城市重建方式有很大不同，其核心作用一般由公共部门和公共财政发挥。应该指出的是，当时在中国建立公私伙伴关系是基于纯粹的财务考虑而不是社会关注。主要关注的问题是浦东的私人部门投资如何参与其中，不仅仅是房地产业还有普遍的工业和服务业部门，允许公私互动和安排公私合作的灵活性。

　　中国的改革者和城市管理者的这一务实做法帮助他们从其他地方那里获得有用的经验，快速适应自身的情况以及对变化的情况和新的困难迅速作出反应。在追求市场化改革的过程中，上海借用和应用自由市场概念并将它们适应于现有的意识形态约束中的创造性。许多有用的经验和新的金融机制是从自由市场"借"来的，并积极用于浦东发展。浦东设立了几种类型的资本市场，包括股票市场、期货市场、黄金市场和"产权交易中心"。一些自由市场原则也被用来指导城市土地市场改革。上海土地政策的一个新特点是设立了专门的实验区（Special Experimental Zone），它具有特定的优先权和设施，来刺激私人举措并测试自由市场的反应。这些措施被发现可以鼓励同一城市内不同地区之间的竞争，例如上海以及中国其他城市之间，特别是"开放"的沿海城市。

　　首要目的是发现哪些公私合作（PPP）类型适用于中国的情况，适用的类型是受环境因素直接限制的,因此浦东采用的公私合作的类型是根据当地的性质和当时有效的条件来定义的。事实上，考虑到公共部门、私营部门和整个社会在全球一地方互动背景下变化的关系，一个更有趣的问题是为什么以及如何采用这种机制。

中国一直遵循发展型国家的模式，如果这样一个国家要实现其发展的雄心壮志，网络和网络战略是必不可少的。因为网络提供组织间的连通性和嵌入性，他们鼓励组织相互学习，它们还可以促进组织间的协调和竞争，提高组织对彼此的响应能力，并降低组织的交易成本。夏明进一步解释道："网络战略鼓励互惠，指导个人和组织之间的互动模式，并导致自我克制而不是对抗。"[206]使用网络方法来了解发展状态，可以探索国家与市场之间的联系，个别地区与中心之间，地方与全球之间的联系，以及重要参与者与机构相互依存的逻辑基础。"在共产主义遗留下来的制约下，中国不得不创造性地改变制度安排，修改发展型国家模式，以促进市场的发展，同时保持中央政府的力量。可以看到两个最重要的改变发生在政府与法律制度之间以及中央与个别地方的关系中。"这些修改有助于建立网络和建立公私伙伴关系。夏明观察到中国政治制度在不同机构之间没有明确的界限："相反，它们是通过'制度联系和重叠的人员'相互交织的。"这种机构间的相互嵌入使得中国可以实现逐步过渡并保持双重发展，"因为网络战略为机构适应提供了灵活性，而不会危及长期稳定性"[206]。

上海浦东新区发展的过程，是一个以政府为先导，逐步向市场化过渡的过程，政府和企业，是浦东新区空间再生产的主要驱动力，居民栖息的空间即"日常生活的空间"，对浦东新区再生产的影响逐步显现，权力和资本运作下各利益主体相互作用，不断推动浦东新区由构想空间向工业空间、消费空间转变[187]。

5.3.2 水岸新区建设中全球化资本与文化流动

1. 外商直接投资（FDI）

与陆家嘴发展最重要的相关改革举措是积极鼓励或吸引外商直接投资。中国强烈需求外商直接投资以便促进经济发展进程，最大化外汇收入，缓解国内资金供应瓶颈，向中国企业和职工转让技术和技能，促进就业，增加国内经济与外部世界的互动[207-209]。自1979年以来，中国制定了吸引FDI的新政策。尽管大部分的政策规章出自中央政府（通过国务院发布），地区和地方政府也制定了有关外国直接投资的新政策和规定。

这一政策在空间上是相关的，上海等沿海开放城市受益最多。随着政策和一系列改革的颁布，外商直接投资资金流转到了"第三产业"（服务业）版块[210-212]。鼓励外商直接投资进入第三产业的目的是经济多样性、输送技能、发展商业文化，加强进入国际市场（包括资本和商品市场），改善不充分的住房条件和促进工业化进程[210]。第三产业的关键领域包括电信、零售运输、银行、保险、商业咨询和房地产。很显然，任何鼓励外商在银行、保险和旅游业直接投资的改革都会直接促进陆家嘴中央商务区的快速发展（图5-22～图5-24，表5-3）。

从区域上看，外商直接投资和资金流主要关注经济特区（Special Economic Zones，

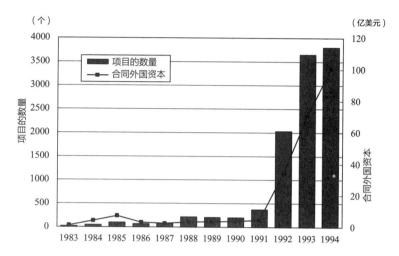

图 5-22 1983—1994 年流入上海的外商投资的项目数量以及合同资本
资料来源：上海外商投资委员会（1995 年）

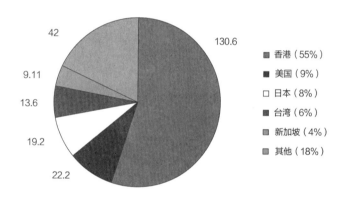

图 5-23 1983—1994 年累计流入上海的合同外商直接投资（亿美元）
资料来源：上海外商投资委员会 (1995 年)

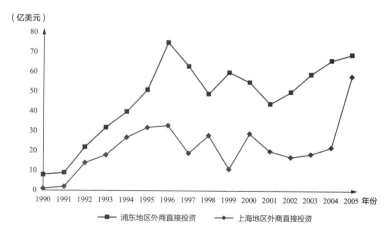

图 5-24 1983—1994 年累计流入上海的合同外商直接投资
资料来源：上海外商投资委员会 (1995 年)

SEZs）（例如深圳）、沿海开放城市（例如上海）。这些 FDI 的"优先选择领域"由相对自治的地区和地方政府管理，为外国投资者提供广泛的激励机制，建立以出口为导向的项目（如生产商品的工厂）或投资基础设施和房地产开发项目。诱因包括各种各样的税收激励措施（节假日、减免税收、免除税收）、直接为工人提供补贴（例如住房）、优先享有基础设施供给、特殊的土地使用权以及降低关税税率等。这些诱因必须被执行并且有利于国家对外商直接投资项目的"监督"和控制能力 [213]。

2. 全球智团（GIC）

"全球化应被视为一种偶发的、多中心的交互式进程网络，并且在各种规模上进行运作。"[197, 214] 全球化不仅关乎资本流动，也涉及知识传播，包括与建筑和规划相关的想法和图像。正如西方专家在上海规划讨论和采纳西方规划概念的会议上所称，西方的规划经验对中国更广泛的系统性变革产生了影响。

分析家对全球知识专家所扮演的角色越来越感兴趣，后者拥有可以影响决策制定的足够的权力和资源，包括外交政策、经济政策、房地产开发和城市规划。国际著名建筑师们受邀为全球各大城市的大型城市项目设计总体规划，在专业知识和竞争领域形成了一张由专家和学者组成的网络，例如编制城市总体规划以及对该领域的政策相关知识拥有权威性的声明。这就是新兴的"专业管理者阶层，从事与重塑世界经济相关的信息处理活动"[215]。

上海的新金融区—陆家嘴中心商务区的城市意象的形成过程是，全球和地方的融合下的规划、建筑和管理呈现 [194]。这些设计专业人员是里默（Rimmer）提到"全球智团"的一部分，负责制定 20 世纪 90 年代初陆家嘴中央金融区总体规划流动的城市意象和城市再开发模型；而之后，所产生的图像和模型，进入了不同尺度规模的次级操作程序，在本地化的语境下被消化重组 [216]。关于这一规划过程，以下称为陆家嘴国际咨询规划流程（Lujiazui International Consultation Planning Process，LICP）的详细讨论可以帮助揭示全球化进程背后的人类动态以及扭曲（往往是互相矛盾的）目标，这有助于跨空间链接的形成。

5.3.3 水岸城市大型项目与城市更新

1. 全球化背景下的城市更新

城市想要营销和成为全球城市，这解释了城市更新举措的出现。可以说全球化在很大程度上促进了城市更新举措的出现 [63]。

水岸新区建设作为城市更新的一种类型，可以起到连接和扩展城市现有领域，探索新的领土资源，此外还能激活现有的陈旧的城市功能与基础设施的作用，这一点在第 3 章已有过详细的阐述。

上海作为一个西太平洋边缘快速增长的中国城市，不仅利用这个深水港提供的设施与邻近的

表 5-3 1983—1993 年流入上海的累积质押外商直接投资

部门	质押外商投资（百万美元/百分比）	项目数量
第一产业	0.32/0.13%	58/0.54%
第二产业		
零件制造	93.20	7584
总计	106.8/45.04%	8109/75.50%
第三产业		
房地产	107.24	981
餐饮业*	11.79	512
总计	130/54.83%	2574/23.96%

注：* 指餐饮业主要由旅游部门组成，包括酒店。
资料来源：上海外商投资委员会（1995 年）

宁波竞争，而且还试图从更远的邻居如中国香港和新加坡的手中抢夺市场。竞争给城市施加了压力，迫使其进行改造从而能够保持有利于自己的形象，来吸引商业机会和人口（商人、居民和游客等）[63]。

20 世纪 90 年代，占据着上海东南部的大片区域的浦东新区，其再开发工程无疑蕴含着巨大的潜力，不仅使得上海城市化区域大幅度的向东南方向扩展，还使得上海沿海区域的形象得以重塑，为上海未来的发展带来无限的机遇。

2. 城市大型项目（UMPs）

我们这个时代的大都会城市是一个经济、社会和功能的现实体，大规模的城市项目定义了今天大都市的建设。当今创造城市感的想法提出了大规模城市项目必须回答的关键性问题：中心性和流动性之间的对话……全球化的这些广阔的范围有助于在社会和空间系统中形成新的配置。一般而言，地理学家彼得·里默（Peter Rimmer）将 20 世纪晚期太平洋沿岸产生 UMPs 的空间语境描述为特大城市，多层次网络和发展走廊。UMPs 是下列其中一项组成成分[216]：

- 快速增长的城市区域，由于自然人口增长率的提高，城市—乡村移民、对先前"外部"地区的重新划分（或者说兼并）以及国际移民而使得城市化水平得以提高[217]。
- 许多城市在经济和文化方面的重要性（甚至是首要地位）（例如上海）。
- 与之相关的，过去十年间亚太地区的快速增长（亚太地区）和中度增长（太平洋北美 / 澳）。
- 去工业化导致的经济衰退，（某些国家）高端制造业水平的提高，技术变革以及太平洋沿线主要城市边缘城市生产性服务业的显著增长。

总之，城市化和城市重建进程正在由全球化进程重塑；这些过程在空间中产生了更深的联系，从而将太平洋边缘城市向遥远的参与者和机构变化的议程和"节奏"[218]进行开放。

在太平洋边缘，全球化的力量推动了城市和区域空间经济的变化。总的来说，不断变化的空间秩序呈现出五种新兴的发展形式[219]，按规模进行嵌套：

- 城市大型项目（UMPs）通常位于……
- 世界 / 全球城市，是……
- 扩展的大都市区的组成成分，是……
- 跨越边境地区（例如，增长的三角洲）的一部分以及 / 或者是……
- 国际发展走廊的一部分。

简而言之，环太平洋的空间秩序正在以一种快速（且波动）的速度进行改造：它反映了跨国参与者和力量的迅速发展，采纳有利于促进私营部门参与者行为运作的新自由主义发展政策，物质性和非物质性流动限制的消除以及在特定城市"限制流动"的举措（从而提高其"全球控制和影响力"的相对程度）[220]在太平洋沿岸空间新的发展形式的五级分类中，城市大型项目是空间尺度上最小的分类。具有商业定位的 UMP 往往是高科技办公区，其中通常包括电信港（通过电信设备处理扩大的国内和国际通信的设施被安置在"支持卫星和国际光纤网络连接的设备齐全的'智能'建筑物中"）[216]。这些城市大型项目经常构成中心城区 CBD 的扩建，包括"对于码头或货物处理区域的回收或重建"[221-223]。

它们被有效地设计为在全球城市的功能区，并将其融入区域层面的"延伸"发展走廊以及全球城市的格局。从开发商的角度来看（无论是公共还是私人部门），这些城市大型项目能够使资本积累过程在中长期发生，并同时（以及在理论上）在区域和全球范围内提升每个城市的社会政治比较优势。这就是上海浦东的发展模式。

高密度的豪华居住空间，往往与办公开发、CBD 以及休闲、旅游区域相结合，也被开发成城市大型项目的形式。这种住宅空间，通常也被称为"消费化合物"（Consumption Compounds）[224]或"城堡"（Citadel）[225]，是全球城市明确的功能和象征性的表现。许多这样的住宅空间都销售给太平洋沿岸蓬勃发展的资本主义精英作为居住、城市假日"别墅"以及作为收入来源的投机性商品。这样的例子在温哥华的水岸开发中也可以看到[194]。

UMP 的项目通常都会出现在内城区域。城市大型项目被用作"镜头"（Lens）透过此可以洞悉当代全球化进程在不同城市的展开的过程[194]。使用一个城市场地作为"镜头"类似于大卫·哈维对于巴黎[226]，大卫·雷伊对于温哥华[227]，安德鲁·梅里菲尔德对于巴尔的摩[228]以及达雷尔·克瑞利[229, 230]，苏珊·费恩斯坦[231]以及沙朗·佐金[232, 233]对于伦敦和纽约的研究——所有的文章都被集中在巨型的城市结构和城市开发的进程，尽管来自不同的理论观点。正如大卫·哈维指出的那样[234]：

"我一直认为，任何微观(Microcosm)的缩影——一个看起来像轶事的事件——总是会包含属于宏观世界一部分的过程，是一个反映宏观世界的微观世界问题。因此，轶事的目的是试图捕捉你认为造成这种情况的根本力量。"

对具体的城市巨型项目的考察使得"人们可以用最全球化的结构编织出最具局部性的细节，从而使两者同时出现"[235]。全球化进程在城市中"假定具体的本地化形式"[236]，然而，在大型项目中以更小的空间范围可以更清晰地分析它们。采用有效的案例研究方法，使我能够进行理论上的实证研究，试图分析与全球城市相关的细节、复杂性、背景和关键过程，是"不可避免的不完整的城市"[237]。

3. 水岸新区建设作为城市一体化策略

陆家嘴中央商务区是一个庞大的国家计划，集中了一些上市公司和银行，并试图吸引私人投资。干预政策，土地所有权，施工建造，公共空间和基础设施投资完全是政府行为；城市规划是由上海市浦东新区规划研究院（Pudong New Area Planning & Research Institute）在浦东新区发展计划局（Pudong New Area Developing and Planning Bureau）的领导下开发的。这种在旧港区、工业区和住宅区进行的更新业务不仅是城市和区域的重要战略项目，并且与国家目标相对应，打算在亚洲建立一个新的金融中心，得到发展中的中国经济的支持。

实际上，陆家嘴中央商务区和浦东新区，是与城市总体城市规划和管理有关的大型城市发展项目，这引发了新建筑类型学——高层建筑—向整个城市的延伸。不质疑总体城市发展的标准，政府发展公司管理该项目的既定过程，以及与上海城市的衔接，是城市一体化的一个因素。此外，陆家嘴项目中其他城市一体化的因素有[140]：

- 城市规模上的主要基础设施投资，如黄浦江下的公路隧道，主要的城市连接和公共交通系统，为到达上海的新中心地带提供了良好的便利条件；上海的例子，陆家嘴金融区的建立使得上海的城市发展由沿江变成了跨江，向着东南沿海的方向持续扩张。
- 某些地区新的公共设施，一些特殊的成为城市新建筑符号—例如东方明珠电视塔。
- 与浦东新区大型主基础设施互补式改造，例如新机场、新港口等，被认为是相互依赖的城市系统。

5.3.4 水岸奇观还是"另一种现代性"

在《上海未来：现代性的重塑》（*Shanghai future : modernity remade*）一书中，安娜·格林斯潘（Anna Greenspan）将浦东开发比作勒·柯布西耶（Le Corbusier）的明日城市以及奥斯曼男爵（Baron Haussmann）的巴黎大改造以及罗伯特·莫斯（Robert Mose）规划中的纽约，是现代城市化的伟大实例[109]。

浦东大开发之际正值中国的改革开放的深化阶段，城市开发相关政策的改革以及经济环境的优化使得城市呈现一种爆炸式的增长。

地方城市结构重组作为全球化进程的一面镜子，浦东陆家嘴的发展反映了上海积极融入全球城市行列的决心。在《建造上海：中国门户的故事》（ Building Shanghai: the story of China's gateway ）一书中，将以浦东开发为龙头的上海再一次高速发展称之为"巨龙的觉醒" [102]。闪闪发光的摩天大楼、高架公路、重要的文化机构以毫不迟疑的速度从废墟中升起，日新月异的改变着这个城市 [97]。这种快速建设城市的方式，不仅带来了大量的城市奇观，同时也不可避免的造成了城市问题。

居伊·德波（Guy Debord）描述了一种"奇观社会"，并提出已经达到整合奇观的现代社会，具备 5 个主要的特征：不断的技术更新、国家与经济一体化、普遍的秘密、无可置疑的谎言、永恒的现在。并提到了奇观统治的首要义务就是消除一般性的历史知识；从最近的所有信息和评论开始。消极的评论家们认为奇观社会是以摧毁历史为代价的，达到了整合的奇观的阶段，这样的社会最适宜政府管制。在技术层面上，当某些团体选择和建造的图像，成为它们与世界的主要联系，而这个世界是他之前观察得出的。这些图像可以包容承载任何事情，因为同一幅图像中所有的东西都可以并置而不互相矛盾。图像的流动承载着之前一切，它同样是其他人控制这个简单感性世界意愿的总结；它们决定了流动的方向以及应该显示的节奏，例如一些永久的、任意的惊喜、没有时间进行反思，完全独立于旁观者可能理解或想到的东西 [238]。

如果超越形式上的审美和伦理评判层面，小陆家嘴建筑群所反映出的矛盾与问题，正是上海这座城市特殊的文化基因和价值取向所决定的，即便有极端的推崇或批评，整个社会，从政府官员、专家、业主到社会大众，还是有意无意地接受并喜爱上了这样一幅图景 [189]。浦西和浦东的城市发展形成了过去与未来相对立的城市形象——黄浦江畔西岸旧殖民地风格和浦东陆家嘴现代风格。然而，浦东陆家嘴都市"丛林"的城市意象，使得它与纽约、伦敦和多伦多等世界其他主要城市并没有什么不同。

有趣的是，在《癫狂的纽约》（ Delirious New York ）一书中，雷姆·库哈斯将纽约曼哈顿的城市增长描述为"癫狂的增长" [239]，然而在统一的城市规划控制下，却呈现出一种井然有序的场景；而陆家嘴的规划从一开始就被冠以"有计划的、有目的的增长"，而最终的城市结构却因超大尺度和布局凌乱不堪而饱受诟病。在规模性质上经常被用来比较的两个城市区域最终呈现出两幅相反的图景（表 5-4 ）。

在浦东新区再开发过程中，虽然全球化的因素以一种积极的态度介入新时期上海城市塑造的过程中来，但是我们依然可以观察到传统社会主义规划在塑造目标和策略上的影响。这是一个更加具有地域性色彩的过程，也与本地的文化息息相关 [124]。隔着黄浦江位于外滩的对面的浦东陆家嘴，被设计为新中国现代性的象征 [109]。

在工业化的西方世界普遍主张推翻现代主义的同时，中国却在寻找着"另外一种现代性"，一种经过改造的可以适应中国当今特殊的文化、政治和经济条件的现代性。目前，上海正在进行基础设施和城市结构的根本性调整，已经成为寻找"另外一种现代性"最显著的舞台。随着旧城重建和跨越黄浦江浦东新区的开发，上海成为最能代表中国寻求"另外一种现代性"的城市。它也是处在被理解为更大的东西方之间历史对话过程中一部分的城市[154]。

表 5-4 上海陆家嘴 CBD 的城市肌理与纽约下曼哈顿的城市肌理进行比较

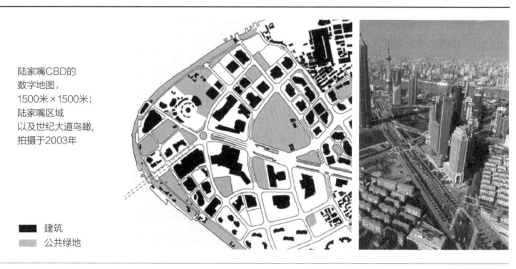

陆家嘴CBD的
数字地图，
1500米×1500米；
陆家嘴区域
以及世纪大道鸟瞰，
拍摄于2003年

■ 建筑
▨ 公共绿地

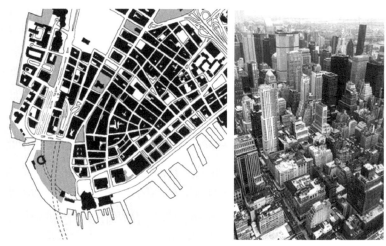

下曼哈顿数字地图，
1500米×1500米；
曼哈顿帝国大厦
附近区域鸟瞰，
拍摄于2003年

资料来源：Sha Y, Wu J, Ji Y, et al. Shanghai Urbanism at the Medium Scale.Springer,2014.

5.4 小结

20 世纪 90 年代初，黄浦江东岸开始大规模的金融区的开发，长期以来一直作为工业区和旧城改造区而被人们忽视的浦东陆家嘴，一夜之间被摩天大楼所取代，成为上海发展又一轮的增速引擎，也是 90 年代全球化经济衰退背景下中国乃至亚洲现代化崛起的最生动的标志。此后，陆家嘴和外滩两个区域隔江相望的场景，成为当代上海对外和对内的重要文化图景。

如果外滩是现代上海黄金时代远东金融中心的标志性代表，那么从外滩看到的陆家嘴中央商务区的天际线可以说是上海迈向 21 世纪全球金融中心的象征。自 1991 年中国中央政府宣布上海浦东开发开放以来，直到 21 世纪初，该地区在十年内从单一的标志性东方明珠电视塔发展成为一个全新的中央商务区。它代表着上海城市重塑金融中心的形象，并极大地帮助该城吸引和留住了许多国际金融机构。然而，关于这个地区实际的城市空间质量以及与"明信片城市"图像形成对比的争论很多[62]。

（1）对比外滩而言，陆家嘴象征着上海不再妥协的城市形象，是一种对于城市空间塑造的自主选择。浦东开发提供了一个极端的例子：在新时期全球因素和区域因素对其发展战略的制定产生影响。一个对外封闭将近 40 年的地区，在其对外开放之初，西方的文化又一次积极地介入上海城市空间的塑造过程中，这似乎与 20 世纪 30 年代的场景似乎如出一辙。然而，陆家嘴的城市文化现象与之隔岸相对的外滩形成了鲜明的对比。评论家爱德华·科格尔（Eduard Koegel）曾说：上海 20 世纪 90 年代举世瞩目的外滩—陆家嘴现象是极具"个案魅力"的复杂课题，它使那些曾经封闭的城市建设议题公众化也复杂化了。分析陆家嘴不能脱离外滩的语境，因为它们代表了在全球化的影响下，上海城市所作出应对的两种不同的反应形式。陆家嘴与外滩最有趣的对比，不仅发生在城市化的先后程度上，更是一种对于文化接受、移植和转换方式的不同。外滩可以说是一种被动的接受形式，而陆家嘴的建设和城市空间的形成则代表了自主的选择。两种文化与权力的中心隔江相望。

（2）上海的浦东开发及陆家嘴中央商务区的建设是大规模水岸新城开发的代表性案例，是城市扩展其边界的一种方式。相同类型的城市大型水岸项目例子还包括伦敦港区金丝雀码头的开发和荷兰鹿特丹科普凡泽新城的开发、南波士顿的水岸工程等，而纽约下曼哈顿水岸扩张工程在规模、性质以及城市空间等层面常常被用来与陆家嘴的水岸开发工程进行比较。此外，陆家嘴中央商务区与下曼哈顿巴特雷公园城的一些共同之处，在于它们几乎都是在一片白纸上建立起来的城市新区域，并且利用了位于水岸的地理特点，塑造出吸引人的城市形象。城市在拓展他们边界的同时，试图寻求一种新的身份与象征，并在全球国际关系的网络中，重塑城市的形象。

（3）水岸开发作为区域本身与城市整体振兴的一个重要组成部分。通过基础设施的建设、连通，产业功能的填充，使得水岸区域再次与城市有机的连通起来。通过功能的调整，在水域空间引入新的城市用地使用方法，从而表现在用地形态、城市肌理组织等方面的调整和更新。在延续原有形态要素的同时，设计综合性的新区，提供更多的公共用地形态，并强调用地形态的多样统一。例如，在纽约下曼哈顿地区，在 17 世纪时已有明确的用地与街道空间系统，因为不希望新的建筑物完全与过去的形态脱节，因此在法律中规定了下曼哈顿城市设计"必须注重设计的延续性。在为新的用地进行形态设计时，以一种'土地填充'的方式进行，延伸已有的街道系统，造成新旧混合开发的形态"[240]。

（4）陆家嘴的城市空间塑造体现了上海陆家嘴新空间生产的全球资本、理念和形象的流动性以及城市空间的塑造背后的全球参与者。全球化具有物质和非物质的维度[193]。在这个过程中主要关注的是跨国文化，这些文化在塑造构成全球流动网络中的作用最大（包括物质和非物质因素）。在上述的案例中跨国文化以城市竞赛的渠道介入进城市空间的塑造中。这是因为，如果试图分析在全球范围内运作的，嵌入经济过程的社会和文化必须关注其"微观情况"（Micro-Situation），以此来收集合适的数据[241]。这种方法并非将与这些项目相关的跨国文化视为远程控制的匿名和同质的代理人，而是将他们视为日常的人（Everyday Human Beings），具有多重身份和变化的身份，位于具体地点的不对称社会关系网络的交叉点[194]。虽然跨国际文化"指挥"的物质资源和非物质资源可能相对较大，然而它们仍然在迅速变化的情况下运作——一个开放与约束并存的机会。在陆家嘴的城市空间塑造中，跨国际文化已经通过建设或者利用已有的网络连接，在不同的规模和特定时空中获得了成功，从而达到了它们相关的地位[194]。

（5）达成"全球影响力"是一种"表演性"的行为（涉及各种角色的参与），取决于在多种规模尺度上运行的各种过程和力量。目标的实现从来就不是一个确定的事情（从罗杰斯团队虽然赢得竞赛却最终未能将方案付诸实践的例子可以得出），并且总是需要付出相当大的努力、协调并且有时候仅仅是运气的事情。这种不确定性在全球化时代更加的加剧了，尤其是在地方政治权力强势的地区，外来文化意识形态通常最终会被削弱掉。

（6）在陆家嘴中央商务区与鹿特丹科普凡泽伊德港口的建造过程中，都出现了积极建造新奇建筑的"城市奇观"。鹿特丹作为一个"售卖城市"[242]，出现新奇建筑不足为奇。作为一个在二战期间被战火完全摧毁的城市，其新的城市现代性的建立是其亟待完成的任务之一，而奇观建筑是完成这种现代性的重要手段。而陆家嘴中央商务区的建筑奇观显示了在新的时期上海想要融入世界全球网络的决心，以及创造上海新的现代性。

第6章
以大型文化事件引导为特征的水岸再生
——上海2010年世博会水岸空间

CHAPTER

6

6.1 世博会水岸区域的发展历史

后工业化造成水岸衰败，黄浦江两岸是城市新一轮旧区改造的重点区域，位于杨浦大桥和卢浦大桥之间的地区则是重中之重。20世纪90年代城市建设中土地开发先易后难的模式，使得各种矛盾大量遗留下来。土地前期成本与开发收益成反比，局部高强度的开发与公众利益冲突已成为黄浦江两岸开发的最大瓶颈。浦江两岸地区遗留下的是动迁成本非常高的棚户简屋地块和工业仓储用地，或者是非盈利性质的绿地等公共福利项目[243]。

世博会规划范围内的江南造船厂和浦东钢铁厂是国家直属的大型企业，占据着黄浦江沿岸的黄金地段，是2002年浦江开发的四大重点地区之一，也是难点地区（图6-1）。由于动迁涉及国家级别的产业布局的调整，市政府在其中的话语权有限。另一方面两家企业虽然也有搬迁计划，但是市区厂址的自主性质的再开发与浦江整体开发的关系也是市级政府很难协调的。世博会申办之时，正值"浦江两岸综合开发"的工作进行中，两个问题的结合思考启发上海市政府于黄浦江两岸对世博会进行选址。利用举办世博会的契机，世博地块的整体开发纳入浦江的整体开发之中，加快沿岸地区的土地置换进度。浦江两岸的综合开发为世博会的成功举办奠定了基础（图6-2）。

6.2 世博会水岸再生的空间层级

6.2.1 城市总体发展战略与工业区的转型

1. 世博会选址

最初的世博会的选址在两个方案中衡量。方案一，选址黄浦江两岸地区上游、卢浦大桥与南浦大桥之间的滨水区，由浦西、浦东两部分组成，规划控制范围约5.4平方公里（不含黄浦江水面）。方案二，选址位于黄浦江与长江交汇处浦东一侧的规划三岔港结构绿地。选址控制范围北起长江，南至规划港城路，西起黄浦江，东至双江路—凌桥自来水厂规划控制范围西界，规划控制范围约6.4平方公里。从有利于申办成功的角度，推荐方案一作为世博会申办的选址方案[121]（图6-3）。

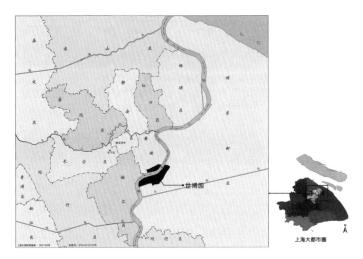

图 6-1 上海 2010 年世博会园区地理位置

图 6-2 上海 2010 年世博会场址 2006 年的状况
资料来源：Gil I. Shanghai transforming:the changing physical, economic, social and environmental conditions of a
global metropolis. Barcelona:Actar,2008.

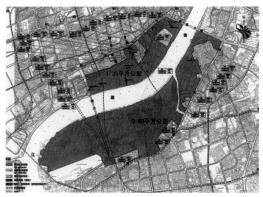

图 6-3 上海世博会选址方案区位图
资料来源：叶贵勋，上海市城市规划设计研究院．循迹·启新：
上海城市规划演进．上海：同济大学出版社，2007．

图 6-4 世博会规划区红线范围
资料来源：叶贵勋，上海市城市规划设计研究院．循迹·启新：
上海城市规划演进．上海：同济大学出版社，2007．

2002 年 12 月 3 日，中国上海赢得了 2010 年世博会的主办权，经过综合分析和反复论证，有关政府部门对世博园区的规划控制范围进行了适当调整，于 2004 年 8 月正式公布了调整后的 2010 年上海世博会场址规划区红线范围。调整后的规划红线范围向浦东卢浦大桥西侧作了适当拓展，形成了"一区、一范围"方案。"一区"是指世博会场馆及配套设施区，即：规划红线范围（总面积约 5.28 平方公里，其中浦东 3.93 平方公里、浦西 1.35 平方公里）；"一范围"是指规划协调范围（约 1.40 平方公里），在此范围内的新开发建设行为须在世博会整体规划控制指导下进行，同时将有步骤地改造该区域内原有建筑[189]（图 6-4）。

2. 世博会的筹备工作

2002 年申博成功之后，上海世博会进入筹备工作阶段。世博会作为世界范围内的经济盛会，是城市建设和发展的重大事件和机遇。上海世博会的规划场址面积达到 5.28 平方公里，大于之前两届规模最大的世博会——1904 年路易斯安那州购物博览会 5.08 平方公里与 1939 年纽约世博会 4.86 平方公里[244]。是世博会历史上最大的一届，各类场馆和配套设施总建筑面积 130 多万平方米，此外还有大量的市政基础设施建设内容并涉及巨大的土地动迁任务。

浦江综合开发为世博会的成功举办奠定了基础。此外，上海世博会开发建设之时正处在上海构建"四个中心"和世界城市的关键时刻，对上海城市功能和空间发展的重要影响主要体现在如下方面：

（1）促进黄浦江两岸开发，优化城市整体空间格局；

（2）提升城市功能，促进贸易、会展等第三产业发展，推动上海实现"四个中心"和世界城市的目标；

（3）带动城市基础设施改造，提高城市运转效率；

（4）完成世博会场址区域旧城改造，改善居住生活环境；

（5）完善城市中心区生态环境建设。世博会用地内的绿化生态建设，与浦江两岸城市绿化贯通，将极大提升城市的绿化和生态建设水平。

世博会的筹备活动都以一种有效、高效的方式被加以协调。就在上海被授予 2010 年世博会主办方前夕，上海市政府在 2002 年 1 月成立了项目小组，协调上海黄浦江两岸开发项目。成立上海黄浦江两岸开发集团，以协调城市不同区域黄浦江两岸的滨水区发展，同时还成立了公共开发公司——上海市申江两岸开发建设投资（集团）有限公司，秉持公共目标，负责黄浦江两岸的土地开发、金融与建设。自 2003 年以来，世博会场址的筹备工作已成为首要任务。上海 2010 年世博会组织架构中的领导角色是上海 2010 年世博会执行委员会，由来自中央政府和上海政府24 个相关委员会的代表组成。上海世博会事务协调局（The Bureau of Shanghai World Expo Coordination）作为核心机构，负责世博会区域的日常运营和发展，并帮助执行国家政策和上海世博会组委会的政策，直到 2012 年世博会结束后它的任务中止。上海世博会事务协调局任命了总开发商和总规划师，协调世博会筹办工作。另外，上海世博土地控股有限公司在 2004 年 1 月成立，负责土地征用、土地开发和搬迁工作。上海市申江两岸开发建设投资（集团）有限公司从那时起便负责除世博会区域及筹备世博会期间道路建设外的黄浦江两岸开发工作，并与上海世博会事务协调局合作。

3. 工业和住宅的搬迁和重置

活动设施的筹备始于房屋建筑的拆除和搬迁。在德国汉诺威世博会案例中，世博园区土地主要属于德国国际展览公司，与之相比，上海世博会场地包含 270 个现有工厂和企业、建于 20 世纪 70 年代的工人宿舍以及 20 世纪 90 年代和 21 世纪前十年获取产权的各种街区。它们坐落于浦东、卢湾等区。因此，搬迁工厂和居民区成为建设世博会场址前的主要任务。调查后，一组规划师在总规划师的领导下，划定了世博会场址内需要保留的 8 个街区。面积覆盖 1.4 平方公里。以这种方式，总计 15000 户家庭可免于拆迁。然而，5.28 平方公里的世博会场址区域（3.93 平方公里的浦东新区和 1.35 平方公里的浦西市中心）依旧有 18 个街区的 18000 户家庭在 2004—2010 年经历了搬迁。在上海 2010 年世博会的影响下，第一份有关首批企业搬迁、建设、国有土地购买及补偿、居民搬迁重置的框架协议于 2004 年 4 月签订。2004 年 6 月 9 日，《中国 2010 年上海世博会场址企事业单位拆迁补偿安置资金使用管理规定》正式发布，定义了重置程序事宜、居民及企业拆迁补偿标准[245]。自 2005 年 3 月起，世博会场址内多方占用的土地和设施开始了搬迁重置进程（图 6-5，图 6-6）。

黄浦江东岸（浦东）的旧工厂和货物处理设施被首先搬迁。根据上海工业布局的总体规划，

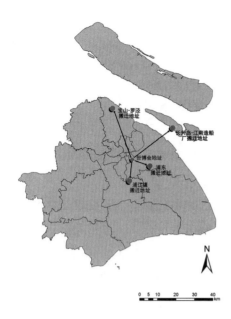

图 6-5 企业和住宅的搬迁地点示意图
资料来源：Chan R C K, Li L. Entrepreneurial city and the restructuring of urban space in Shanghai Expo. Urban Geography, 2017,38(5): 666-686.

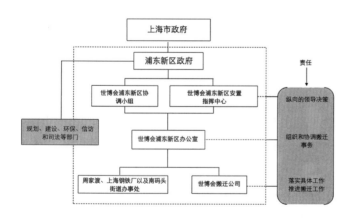

图 6-6 世博会区域向浦东新区搬迁的工作结构
资料来源：Chan R C K, Li L. Entrepreneurial city and the restructuring of urban space in Shanghai Expo. Urban Geography, 2017,38(5): 666-686.

江南造船厂将被搬迁至宝山区长兴岛的造船厂基地，浦东钢铁有限公司将搬迁至宝山区罗泾镇地区，上钢三厂也从原址搬迁（图 6-7，图 6-8）。中央将最终裁定上述国有工厂的搬迁重置问题，不考虑地方发展的地价问题。上海市民坚信，黄浦江两岸是世博会的最佳场址，并最终赢得了这场辩论。尽管各方同意搬迁和补偿，但是争议仍旧存在，其焦点在于如何分享在区域功能从工业

图 6-7 2002 年的上钢三厂位于尚在建造的卢浦大桥一侧
资料来源：陈海汶．上海老工业．上海：上海人民美术出版社，
2010.

图 6-8 2006 年 11 月上钢三厂 16 层高办公楼爆破拆除
资料来源：李继军，于一凡．上海黄浦江滨水区产业遗存的文
化再生．城市中国，2006 (11).

图 6-9 位于高雄路的江南造船厂的一景
资料来源：陈海汶．上海老工业．上海：上海人民美术出版社，2010.

功能变为城市功能后上升的利润问题。由于建设世博会场址的压力尚在，这些矛盾先被搁置，但是却远没有被解决。这也导致了一些现有的后遗产计划在展会举办前和举办期间暂停。除了土地问题外，将旧工业设施保留并转化为新功能对世博会场址建设也提出了挑战。除了 2 万平方米的历史性建筑得以保存，40 万平方米的建筑面积——大多数是工业建筑和造船厂被改造为活动展馆，例如航运业博物馆、商业博物馆和能源博物馆[246]（图 6-9）。

值得注意的是，在浦东新区政府的领导下，移民安置工作采用了创新性的机制，涉及多层次问责制。首先是区政府下设的世博协调小组和世博安置指挥中心，负责垂直领导和决策以提高安置工作的效率。其次，世博办公室负责安排实际搬迁工作。最后，街道办事处致力于确保实际工作的顺利和平稳实施。由多层管理体系支持的"无所不能"的政府下决心实施搬迁安置计划，其他社会成员必须遵守[247]。

6.2.2 世博园区域文化形象的重塑

1. 申博国际方案征集

2010 年上海世博会的主题是"城市，让生活更美好"，旨在将可持续的城市化与自然等其他环境条件的平衡纳入考虑之中。除了重建黄浦江沿线地区外，这无疑也是一种尝试，意在恢复对城市建设多年来一直忽视的相关环境问题的重视。就像北京奥运一样，上海世博会也是一个利用文化事件展示城市进步和前瞻性方向的非常明显的机会。

2001 年为世博会举办了一场总体规划和设计理念竞赛，其中包括：最终获奖者——法国 AS 建筑工作室（Architecture studio）、菲利普·考克斯（Philip Cox）、艾伯特·斯佩尔及合伙人（Albert Speer and Partners AS+P）、DGBK & KFS、RIA、马西娅·科迪纳奇（Marci à Codinachs）和斯卡凯蒂及合伙人（Scacchetti and Partners）等。

世博会地块位于黄浦江卢浦大桥以北南浦大桥以南，河流两侧总共 5.3 平方公里的面积。为了展示城市可持续发展的理念，需要 310 公顷的展览面积和 126 公顷的"世博村"（EXPO Village）。与黄浦江其他地区一样，重建这块区域将涉及搬迁和拆除工厂、码头区和仓库，大多处于垂死的状态。

中标的法国 AS 建筑工作室提出了一个引人注目的提案：修建一条环绕着黄浦江椭圆形运河，以及通过一个 600 米长、250 米高的跨越河流的花桥进行场地的轴向布置。花桥是两岸活动联系的重要纽带，桥上设人行自动传送带以提高交通效率。与花桥相接的平台广场是园区的空间主轴和最重要的公共活动场所。中国馆设置于广场中央，强化其轴线效果。广场高于黄浦江防汛标高，使世博广场的人流能够看到黄浦江的美景。广场底部是中国各省展馆以及餐饮服务设施，并与地铁站相联系形成一个综合空间体系[133]。这座桥将在世博会后保留，作为上海主要的城市空间，并向行人和非机动车辆开放。该计划的其他显著元素还包括自然景观，例如绿色走廊、浦西一侧的玉兰公园（Magnolia Park）以及更多的人造运河。在这些绿色环境中，多种已知和适应类的植物主要来自中国并将被展出（图 6-10）。

2004—2007 年，上海同济城市规划设计研究院（STUPDI）采纳了这些想法并进行了后续发展。在这些更加明确的设计实践引导下，该区域进一步向南拓展，超出与卢浦大桥交叉口，花桥的元素被移除了，然而复杂的垂直于黄浦的轴向排列仍然存在，最初的绿色走廊也保留了。为世博会而修建的场馆（历届世博会中常见的场景）主要集中在浦东一侧，而像位于浦西的江南造船厂这样的历史建筑得到了改造和修复。规划形成园区"一主多辅"和"园、区、片、组、团"

图 6-10 世博园的总体规划中标方案
资料来源：徐毅松 . 浦江十年：黄浦江两岸地区城市设计集锦 . 上海：上海教育出版社，2012.

的空间布局结构，核心展馆和主要公共活动设施集中在核心区域，其他展馆适度分散形成多个展馆片区。浦东园区核心区结合地下空间开发，形成由中国馆、主题馆、世博中心、文化中心和世博轴等大型公共建筑贯通组成的永久性区域（图 6-11~ 图 6-13）。永久性建筑相对集中的布置，有利于土地的再开发[133]。

后来的规划强调区域功能清晰度而非独创性，也弱化了河流和环境特征的完整整合。其中一个例外是土人景观事务所的俞孔坚设计的后滩公园，其位于卢浦大桥上游的黄浦江畔，宽30 ~ 80 米，长约 1.7 公里。该公园主要设计目的在于通过一系列自然过滤、沉降和通风措施来处理河水区域，该公园还提供防洪、野生动物保护和休闲娱乐。剩余的旧工厂也被强制利用，整个区域出现了农业景观和各种湿地景观共存的画面，如同一块风景调色板[128]。

2. 世博遗产规划

为确保世博会场址和设施在活动后可以再利用，上海世博会的总规划师吴志强博士将城市可持续发展作为世博会场址规划的核心概念[248]。他关注世博会场址的会后用途，如战略位置、具体城市功能和可持续资源。相应战略包括：

- 为上海未来进行长远规划，不仅局限于世博会，世博会规划实际上是世博会场址的总体规划，包括临时博览会的准备；
- 根据上海的城市战略定义永久性建筑物，以避免拆除临时建筑物；
- 保护历史工业建筑，使其从工业功能过渡到文化和展览功能；
- 将世博会道路系统、地铁系统、其他基础设施、绿色和公共空间的发展与黄浦江岸边重建的发展相结合，在黄浦江两岸的世博园区内创造一个新的城市中心；
- 应用先进的生态技术，在地区和城市两个规模实现水资源和建筑物内可再生能源的回收。

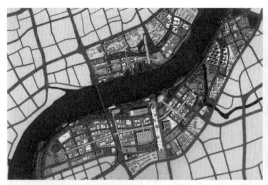

图 6-11 世博园实施总体规划
资料来源：徐毅松.浦江十年：黄浦江两岸地区城市设计集锦.上海：上海教育出版社，2012.

图 6-12 世博园"一轴四馆"
资料来源：徐毅松.浦江十年：黄浦江两岸地区城市设计集锦.上海：上海教育出版社，2012.

图 6-13 上海世博会远景
资料来源：上海世博会事务协调局，上海市城乡建设和交通委员会.上海世博会规划.上海：上海科学技术出版社，2010.

　　为确保城市发展规划的顺利进行并使上海从世博会中受益，上海市发展和改革委员会调查了世博会结束后对上海发展为国际化大都市的影响，包括服务业的发展、文化版块、知识经济、区域整合、低碳经济以及会后资源的再利用。该调查确认了将在未来几十年里兴建的文化产业。另外，该调查提出了会后发展规划，例如，如何利用土地、如何建立城市新功能、如何处理会展场馆、如何塑造滨水区景观以及如何完成公共设施建设[249]。

　　遵循如上战略，世博会场址的总体规划定义了战略项目：

- 创意产业、国际组织的场地；

- 会展中心、和改造成博物馆的工业遗产；

- 国际会展中心和公开演出中心；

- 可持续发展的城市区域；

- 提高城市品质的公共绿地；

- 跨河隧道和交通枢纽。

图 6-14 世博会后的总体规划
资料来源: 徐毅松.浦江十年: 黄浦江两岸地区城市设计集锦.上海: 上海教育出版社，2012.

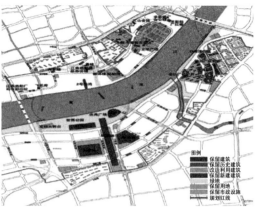

图 6-15 世博会后的保留建筑
资料来源: Chen Y, Tu Q, Su N. Shanghai's huangpu riverbank redevelopment beyond WORLD EXPO 2010, 2014 2014 AESOP Annual Conference.

对于整个世博会场址和每个世博会关键设施而言，总体规划不仅定义了设计的基础原则，也定义了会后用途以及运营管理的战略规划[248]。世博会场址新建的会展场馆、翻新和再利用的工业建筑、受保护（历史）建筑，都在世博会前被特别标出（图 6-14，图 6-15）。

世博会场址具有深厚的产业文化底蕴。江南造船厂、南市电厂、上钢三厂等企业分别代表了近现代工业和市政的发展历程。江南造船厂的场址留存了大量工业建筑和船坞、船台等工业设施，200 ~ 300 米长的船台、船坞，60 ~ 70 米跨度的大型厂房等，建设规模大，结构坚实，承载负荷大，空间完整，功能转换余地大[250]。规划结合世博会园区江南造船厂等近代工业文化遗存，提出不仅应对园区内文物保护建筑和优秀历史建筑进行保护，对具有一定价值与风貌的历史建筑进行保留，而且应对风貌或结构质量较好的厂房、办公建筑以及船坞、塔吊等构筑物进行改造利用，在延续地区历史文化内涵的同时体现借鉴办博的理念[133]。

作为中国重要的工业城市，上海曾经出台了工业用地按照"三个不变"的方式进行非正式的转型等政策。产业建筑再利用经过这几个阶段的发展之后，正值上海召开世博会。新时期，对于工业用地的再利用也得到了政策方面进一步的支持。如何保护和再利用厂房，让它与创意产业相结合并产出价值，成为世博会建设的重要内容。世博会选址在原来的工业区，浦西部分是以原来的江南造船厂为主，浦东有钢铁厂和其他很多的工业厂房，这里面有许多保护建筑。经过认真甄别，规划部门在当中选取了近 2 万平方米的建筑，其中有属于经过专家鉴定的近代建筑，以及规划保留的历史建筑等。实际上，大量的厂房只要稍加改造就可以直接用作公共展示和活动，这些改造后的厂房甚至比新建筑更吸引人、更有魅力。目前，在世博会中利用老厂房改造而成的世博会展示场馆有 30 多万平方米，这是世博会建设历史上的创举[70]。

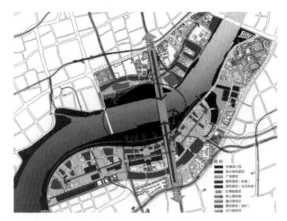

图 6-16 世博园区环境景观空间格局
资料来源: 上海世博会事务协调局,上海市城乡建设和交通委员会.
上海世博会规划 . 上海:上海科学技术出版社,2010.

6.2.3 世博园滨水空间的塑造

世博会场址被黄浦江分为浦东、浦西两部分,为整合东西两部分场地,同时充分利用黄浦江的景观资源,体现拥抱浦江的概念,世博园区的环境景观空间格局将围绕黄浦江展开,基本空间结构为"一个核心、一条轴线",将浦东、浦西的场地在空间上进行整合与呼应,并通过沿江绿带以及垂直于黄浦江的樑形绿带将黄浦江景色引入园区腹地内的各功能区(图 6-16)。三大绿化区:世博公园、后滩公园和白莲泾公园——占据了黄浦江沿线浦东新区约50座足球场的面积,将形成一条河滨绿色走廊。

1. 世博公园

世博公园位于世博园浦东核心区的滨江区域,原址是上钢三厂,区域内分布着大量的厂房和码头,由于工业生产带来的环境污染使整个滨江原始的生态系统不复存在。随着产业结构的调整,后工业时代的到来,尽快采取措施治理污染、恢复生态系统、创造优美的环境,成为创造和谐城市的要求。同时如何在尊重地区文化特性的前提下,对工业遗产进行合理的改造和利用,也是这次规划亟待解决的问题。规划区紧邻世博园区浦东核心区,是浦东滨江绿带的主体部分,也是园区生态系统的主轴,同时还将成为集中反映世博理念的生态空间。区域地理位置的特殊性,也决定了世博公园在未来不仅要承担会展期间高密度人流的集聚、停留与疏散,还要具备水上交通功能。因此,规划要求对基地自然生态景观进行恢复和塑造,成为会展期间和会后城市休闲公园绿地,形成可持续发展的公园绿地的典范[133]。规划建设集生态景观、游览休闲、科教文化、户外观演

图 6-17 世博滨江公园
资料来源：徐毅松 . 浦江十年：黄浦江两岸地区城市设计集锦 . 上海：上海教育出版社，2012.

等多功能于一体的大型公共绿地。世博公园的整体规划以打造城市森林为目标，采用"滩"与"扇骨"叠加的设计手法：在基地内湿地的基础上，叠合扇骨状均匀分布的乔木林，形成主体空间结构。同时，还对基地工业遗存进行功能转换利用，滨江设置多处改造的码头，并通过一组吊塔的保留组合和局部改建，展示地域文化特色（图 6-17）。

2. 后滩公园

后滩公园位于世博园后滩地区的滨江区域，黄浦江流向在此由向北转为向东北，后滩沿江区域的滩涂地随着水流的冲击而增长，形成悠长的浦江岸线与一定进深的滨水空间。地区原为上钢三厂和后滩船舶修理厂所在地，其间保留有众多的工业遗存。后滩公园的设计围绕"将景观作为一个生命的肌体，设计一个活的系统"的核心理念展开。设计保留了原有的一块面积约 4 公顷的江滩湿地，同时将原有的水泥硬化防洪堤改造为生态型的江滨潮间带湿地，共同形成了一套延绵 1.7 公里的人工内河湿地系统。在此基础上，叠加田园回味、工业记忆和生态文明等景观信息，形成后滩公园景观的总体特征。后滩公园被定位为一个有生命的生态系统，能够提供各种生态服务。设计概念基于自然景观的再现与再生，经历了农业文明、工业文明，最后回归完整的生态系统，同时留下了历史的符号与记忆，成为一种后工业文明的载体[133]（图 6-18）。

图 6-18 后滩公园（俞孔坚设计）
资料来源：徐毅松. 浦江十年：黄浦江两岸地区城市设计集锦. 上海：上海教育出版社，2012.

6.3 大型文化事件引导的水岸再生中的特征 与冲突

6.3.1 水岸大型文化事件中的全球与地方性特征

作为当今世博会的前身，第一届世博会于 1851 年在伦敦举办以展示不同国家的工业发展。从那之后，有 15 个国家举办了共 41 届世博会，以展示文化、产业、创新和科技。举办世博会的动机是提高举办城市在国际社会中的形象并促进经济发展和文化交流。越来越多的盛事开始结合娱乐和大众消费[244]。监督每届世博会组织的国际监管机构——国际展览局（Bureau of International Exhibitions，BIE）成立于 1928 年，旨在确保执行 1928 年巴黎公约，该公约建立在人类信任、团结和进步的核心价值的基础上[251]。在其组织中有 157 个成员，在参与组织和游客层面 BIE 负责监督世界上规模最大、时间最长的世博会。现在，每五年在一个成员国举办一次会议，每届主题重点讨论反映当前世界面临的挑战或问题，世博会邀请各国、国际组织、民间社会和私营企业进行会面、分享，联结来自不同文化、政府、公民社会和私营企业的人，每届世博会通常会持续六个月[252]。

大型事件是最好的体现"全球化与在地化"关系的介质。因为全球事件和举办城市发展的关系通常是截取了两个截然不同的视角：事件的国际性和事件的地方特征。大型事件被认为是国际事件在一个特定地点的体验[253]。例如奥运会性质的大型盛事经常被形容为全球化的主要体现，尤其是涉及它们的社会和文化重要性以及在国际社会的作用。大型文化盛事（包括商业和体育）通常有引人注目的属性、广泛的受众以及国际重要性[254]。莫里斯·罗什（Maurice Roche）也认为某一大型盛事的连续举办是现代化的历史中引导大众注意力的暂时标尺，并且可以帮助"协调全球层面的跨越代沟的文化、政治和经济流动与网络连接"[255]。同时在信息网络的时代，通过国际传媒电视转播和最先进的通信设施，举办大型盛事的城市由此激发出绝无仅有的全球化感知。霍恩（Horne）和曼赞雷特（Manzenreiter）[256] 认为，大型通信技术的进步，尤其是卫星电视，为大型盛事创造了前所未有的全球观众群，使得现阶段人类社会的某些国际、跨国和世界性的特征通过表演者和媒体观众达到戏剧性的、值得记忆的和跨越文化交流的感受。罗什总结认为，国际盛事如奥运会成为"在地方土壤发展全球文化的重要因素"[255]。

以上海世博会为例，中央政府和上海市政府联手投入巨资，在国际和国内两个层面针对不同受众提供观看这场盛世的舞台。在国际层面上，上海 2010 年世博成为继北京 2008 年奥运会仅两年后又一个世界焦点。除此之外，世博会还用来促进与其他国家的友好关系，特别是与发展中国家，帮助一些欠发达国家建造场馆，例如庞大的联合非洲馆。在国内层面上，作为举办世博会的第一个发展中国家，中国可以向人民展示国际社会对其过去取得的成就的认可，这也是罗什所认为的城市组织全球大型活动的明确政治方式[257]。从更广的角度来看，世博会是一种文化的展现。但由于上海（东方的地点）和世博会（西方的事件）之间的差异以及与此相关的种种空间观念的不同，上海 2010 年的世博会的展示形态应该是以充分体现上海新时期文化特色为前提的。

6.3.2 水岸大型文化事件与城市更新

1. 重大事件与城市更新

许多城市逐渐意识到大型盛事也可以成为某种城市更新的工具[258]。大型盛事带动城市地标和基础设施的建设，并激发城市更新过程以改造城市空间[254, 259, 260]。利用奥运会等大型盛事振兴停滞或衰退的城市经济源于 20 世纪 70 年代，当时的城市规划师逐渐意识到：无处不在的后工业时代城市需要新的经济引擎、投资和就业机会[261]，尤其是那些饱受国际经济转型下的劳工分类重组和制造业崩溃的城市，它们被迫通过各种形式的城市营销以创造一个更正面的有吸引力的城市形象，以便吸引潜在的游客、投资者、居民和经济类企业[262, 263]。通过这种新的策略，地方市政府不仅试图吸引私人投资者通过合作方式投入新的资源和资金，而且也转向各种文化产业如体育、旅游、娱乐、媒体和创意设计。这些产业作为新的有价值的形式推动着城市的发展和扩张。

在过去的几十年里，欧洲和世界各地的城市，尤其是那些以工业为基础的城市，非常重视大型活动，试图塑造更积极的国际化形象来"取代一系列负面的、过时的形象，以此在当前激烈的城市竞争中吸引资本和人才"[262]。人们越来越意识到，文化和体育盛事可以成为某种形式的城市转型的载体。查克利（Chalkley）和埃塞克斯（Essex）肯定了奥运会举办城市的发展战略的转型，战略从早期重视建设大型体育设施和城市基础设施，到更广泛的城市复兴和重组方案——将奥运会视为一种催化剂[259]。另一方面，尽管在活动过程中收获的国际媒体的关注令人惊叹，但为创建或修缮奥运场馆、展厅和媒体中心花费了巨大成本，这些场馆后来都被淘汰或仅仅偶尔使用，并没有产生利润。此外，由于主办城市利用这一机会通过发展困难的城市地区来升级城市结构，例如城市棕地或贫困社区，然而这些地区仍然是脆弱的城市地区。这些城市地区面临的一个主要挑战是如何从临时性的事件功能过渡到城市功能，并逐渐融入城市结构中。由于奥运会准备期的紧迫性和规划的复杂性，大多数举办城市的组织者通常很难以任何系统的方式来总体考虑这个问题[246]。

巴塞罗那、北京（2008 年奥运会）和悉尼、上海（2010 年世博会）都选择竞相举办国际重大文化事件，并利用其独特的机会改善了城市的基础设施并进行了水岸开发。毫无疑问，大型文化事件作为一种城市政策开始被越来越多的国家所使用（图 6-19）。上海利用世博会作为城市发展的催化剂，重金投资升级基础设施，这被认为对其全球经济地位至关重要。官方消息是，上海世博会筹办耗资 420 亿美元。非官方消息是，如果加上基础设施建设，那么耗资会达到 580 亿美元。到世博会召开时，上海已经添加了五条地铁新线路、一座新机场航站楼以及黄浦江下多条隧道。

世博会持续 184 天，是 2005 年日本爱知县世博会的 4 倍长。根据活动记录，超过 200 个国家和国际组织参与了展览，并吸引了 7300 万国内外游客。在游客高峰期，世博会一天就吸引了 100 万游客。世博会让上海展现在全世界媒体面前，上海成为世界领导人、企业高管、科技先锋、名流和国际友人，以及国内游客的必去之地。世博会组织者尤其擅于营销商业计划、城市形象，以及促进中国和国际的文化和信息交流。就经济发展而言，世博会增强了上海和长江三角洲地区的经济发展，生产了价值 36 亿美元的世博会特许经营商品。世博会期间，上海零售业涨幅17%。截至 2010 年年终，旅游业收入超过 450 亿美元。根据 2010 年世博会的最终审计报告，世博会总成本为 119.6 亿元，世博会收入为 130.1 亿元，最终营收为 10.5 亿元。资金来自当地政府（26.6 亿元）、企业和社会组织捐赠（28.6 亿元）、文化补贴（12 亿元）、世博会债券（55亿元）及银行贷款[264]。

2. 场地选择与城市更新

史密斯（Smith）提出了世博会选址空间类型，简单而言有两方面的选择：（1）使用一系列集中的场地或者是一系列分散的场地；（2）开发位于城市中心区还是位于城市边缘的场地。通过组合得出散布在中心区、集中在中心区、集中在边缘区、散布在边缘区以及从边缘到中心呈线性的排列模式[265]（图 6-20）。

上海世博会的选址选择在城市相对核心的部分，或者说是城市中心的边缘，因去工业化衰落丧失活力而亟待更新的地区，其所创建的是相对低密度的广延性空间，这就导致了其在城市空间的地位有些类似于东方传统城市的特征（尽管其功能在私人性和公共性上完全不同，并且在形态上也更强调开放性而不是封闭性），它所展示出来的空间形态应当符合怎样的原则是需要预先设定的[266]。

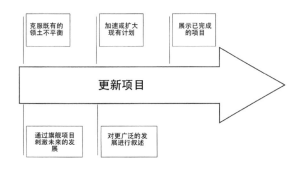

图 6-19 事件用于更新策略中的不同方式
资料来源: 作者译自 Smith A. Events and urban regeneration：the strategic use of events to revitalise cities. New York：Routledge, 2012.

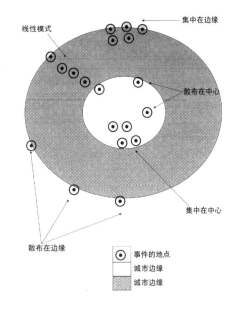

图 6-20 事件地点不同的位置类型
资料来源: 作者译自 Smith A. Events and urban regeneration：the strategic use of events to revitalise cities. New York：Routledge, 2012.

  崔宁认为世博会的选址在四个方面促进城市空间结构的调整[243]:

  （1）提升黄浦江综合开发的功能品质。世博会选址在黄浦江两岸综合开发的南翼地区，政府希望以世博会为契机，为黄浦江综合开发注入新的功能，特别是以会展贸易和文化交流等第三产业为主的现代服务业，与外滩—小陆家嘴金融区构成南北轴向上的功能互补，增加城市功能能级。

  （2）加速中心区城市更新的建设进程。凭借世博会的契机，使得占据城市中心区边缘的两大污染性工厂——江南造船厂与上钢三厂完成搬迁工作，提升该区域城市空间的品质。

（3）打开城市中心区向南拓展的空间。1843 年的上海开埠，1929 年的大上海计划以及 90 年代的浦东开发，形成了上海城市向西、向北、向东发展的格局，世博会地区由于工厂的占据，进一步开发的工作受到阻碍，随着世博会选址的确定，以交通设施为先导的大规模基础设施建设向城市中心区以南地区倾斜，使得上海市南部地区得以与市中心区域实现真正缝合。

（4）形成强大的多功能市中心。世博会的选址在总体规划概念上的中心区边缘，实际是上海城市中心的组成部分，政府希望通过地块的开发促进城市中心功能的强化，削弱各个分中心的极化特征，进一步强化市中心的集聚效应，促进多功能市中心的形成。

3. 全球化和地方营销

社会的全球化导致了资本流动的增加，以及"地方之间的竞争加剧"[267]。过去几十年全球产业结构发生了调整，加速了老工业区的衰落，这些地区经济结构上拥有重工业遗产、老旧制造业和港口相关工业，与此同时资本的控制更加集中在国家和国际层面[268]。随着老工业的衰落，城市开始寻求新的财富来源，特别是在第三和第四产业。为了吸引外来投资和自由资本（Footloose Capital），曾经一度以生产为特点的地区不得不把自己重塑为消费型场所。由于投资流动性具有国际维度，这意味着地区和城市必须相互竞争以获取新的财富来源，因此，地理位置的属性就变得非常重要（对于上海而言，浦江两岸是城市形象的展示舞台以及城市营销绝佳地点）。这就意味着，地方推广和营销策略，已成为城市更新战略日益重要的组成部分。

城市营销就是创造策略来推广一个地区或者整个城市的特定活动，在一些情况下为了生活、消费和生产性的活动而对城市的某些部分进行"售卖"（例如鹿特丹的"售卖城市"形象）。此外，对于场所营销的强调，正在以与成功的城市的主导看法相符合的方式逐渐重新定义或者重新塑造每个城市的形象[269]。在考察地方营销的策略时，沃德（Ward）等学者[270]指出一些政策成分，包括旗舰项目和富有声望的开发项目（Flagship/Prestige Developments）、贸易展销会、公共艺术、体育赛事和文化设施[270-271]。

每个文化事件都有自己想要达成的城市目标。一些城市运用大型文化事件和文化旗舰项目作为社会、环境、经济以及当地文化更新的催化剂。大多数的文化事件都有展示和营销城市的作用。举办诸如体育赛事、博览会、节日等特殊活动不仅被认为是一个重要的策略，它们在对旅游量和积极的经济效益的短期提升有帮助的同时，也有助于改善目的地的形象和建立可持续发展当地品牌形象[272-275]（图 6-21）。此外，文化事件通常都会涉及举办方案竞标的征集，而国际竞赛本身就是一个全球营销的机会[276]。一般认为展示的效应在小规模的城市会比在大城市更加明显，因为后者很容易会被世界所了解。一个很好的展示的例子就是里斯本的 1994 年欧洲文化之都事件[277]。墨尔本 2006 年的英联邦运动会（Commonwealth Games）是展示作用的另外的一个例子，举办比赛的目的之一就是展示更新的河南岸区域[265]。

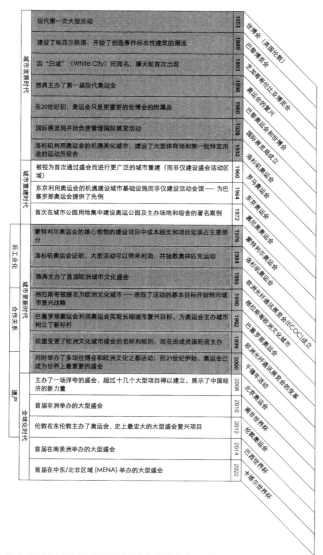

图 6-21 城市更新策略发展过程中的关键事件和关键时刻
资料来源：作者译自 Smith A. Events and urban regeneration：the strategic use of events to revitalise cities. New York：Routledge, 2012.

4. 重大事件与城市空间商品化

重大事件的策略并不是非政治性的，相反，它与城市政策紧密相连。它们通常涉及利益相关者之间激烈的政治斗争，但它们也代表了更广泛的政治哲学——新自由主义政策议程[20]。重大事件战略是新自由主义的缩影。正如生态旅游一样，"新自由主义"的性质赋予其市场价值[278]，重大事件试图将文化现象转化为商业资产，当今的重大事件既是产品，也是推动举办城市作为参观、投资甚至生活场所的一种方式。[279] 认为新自由主义推动了品牌化的语言，并将这种做法扩展到生活的各个领域。这个想法可以用来了解重大事件的策略；这些都是新自由主义时期地方和文化商品化的重要组成部分。例如，1984 年的奥林匹克比赛"最好理解为将体育实践融入日益增长的国际资本主义市场的更充分的表现形式"[254]。

5. 旗舰项目、有声望的项目

世博会既是上海城市发展中的一项社会事件，也是一个重大的空间事件，而且社会经济目标最终都会通过空间实践而得以实现[266]。大多数的城市更新活动都包括发展有声望的项目和旗舰项目，以鼓励在特定区域的物质空间和经济更新。有声望的项目往往具有引人注目的大规模开发的特质，能够吸引外来投资并促进形成新的城市形象[268]。著名的例子包括伯明翰的国际会展中心（Birmingham's International Convention Center）和国家室内竞技场（National Indoor Arena）以及伦敦港区金丝雀码头办公综合体。地方性旗舰项目是相对规模较小的项目，主要刺激一个城市地区内的增长并改变当地人对地方性的看法[268]。

然而，关于旗舰 / 有声望的项目在实现更大范围的城市政策目标方面的作用已经有广泛的讨论[280, 281]。显而易见的是，在某些城市和地区，开发旗舰 / 有声望的项目的方式已被用作城市物质环境再生的工具：这些项目的例子包括购物中心、水岸开发项目、遗产公园、办公综合体、会议中心和休闲设施[271]。史密斯（Smyth）曾指出文化背景将旗舰项目置于"后现代"的舞台上[282]。旗舰项目可以被视作为这种文化的表达，当规划和建筑同属于后现代时更是如此，是这种酵应的重要贡献者。

城市都争相竞标下一届奥林匹克运动会、世博会等大型文化事件的主办权。然而，这些"大型活动"的遗产及其对城市更新的贡献是一个令很多研究人员关注的主题。桑德科克（Sandercock）认为，许多政府都有快速追踪大型项目的路径，以及既定的快捷规划流程，而这往往与公众监督和民主政治隔离开来[283]。苏迪奇（Sudjic）认为，不幸的是许多城市和政府对于举办这样大规模事件并不在行。大型事件遗留的地区往往具有高水平的负债，废弃的建筑以及需要被置换或者是废弃的社区。然而，它们的确是可以引起国际关注度的高调活动，因此主办城市往往将声望置于其他考虑因素之上。他对这类大型活动的标准化持相当负面的态度，指出"世博会是迪士尼乐园的另一个自我，平庸的现代城市之下洞察世俗和幻想的华丽混合体"[284]。在技术层面上，这种开发可能发生在世界上任何一个城市。但在某些方面，或许它们仅仅是"外部"而非"内部"事件，旨在将城市重新置于旅游地图或国际舞台上。通常，游客通常都会觉得它们很有趣。但是，一旦事件结束，如果要避免"白象"的状态，则需要考虑事件的遗产问题。例如，奥运竞标的申请标准中，必须包括未来详细的遗产规划[178]。

6. 奇观与社会

除了政治经济学的观点，在试图理解事件引导城市更新的作用和影响时，思考社会学理论是很重要的。在当代，城市更新的目标之一是"在社会功能失效的地方恢复其社会功能"[32]。许多策略旨在改善人们的生活，并且评论家们已经提出了事件如何能够对社会条件产生积极和消极的影响。对于重大事件的批判性评价通常会将他们嘲笑为"奇观"。"奇观"这个词汇是居伊·德波在 1990 年他的著作《奇观社会评论》（Comments on the Society of the Spectacle）中提出的，表达了日常生活从积极参与到被动消费的方式的转变[238]。从这个角度考虑，经常被引用的"创造身份"的事件角色是与消费更加相关，伴随着商业和相关的赞助鼓励人们将自己的身份与某个品牌联系起来[20]。寇尔特（Coalter）则对这些批评持反对性的意见，他认为即使这些事件是以商业为导向的，但是仍然可以提供令人满意的社会成员的身份和形式[285]。

德波（Debord）也曾指出：当奇观集中时，周围大部分的社会都逃离了；当其分散时，只有一小部分；今天，却没有任何逃离的迹象。奇观已经蔓延渗透到所有现实中。从理论上很容易预测，经济理性的不懈成就也已经从实践经验迅速而普遍地证明了这一点：虚假的全球化现象也是对全球的伪造[238]。

世博会被理解成为展示人类科技和社会进步的体现，然而世博空间是否促进了人类的进步是需要进一步考量的。从世博会的历史上来看，其本质并非常规生产或生活活动，同时也不是依附于这些活动的内容，而且根本就不是日常生活体系的组成部分，相反，它类似于工业社会中的重大节庆，是工业经济时代为在机械化工业生产制度下工作的、在紧张和僵硬的纪律约束下的人们提供一个休闲、放松甚至宣泄的场所和时间，是服务于社会劳动力再生产的社会机制中非常规性组成内容之一[266]。在刻板的工业生产体系中，世博会是另一种的消费场所，这种消费并不在于物质性方面，而更多的是符号和想象力，是被社会认可的、有组织状态下的狂欢庆典。因此，这种场所的性质多少有点类似于瓦尔特·本杰明（Walter Benjamin）笔下的 19 世纪的巴黎拱廊[286]，或者如佐金所描述的当代迪斯尼乐园[287]。

6.3.3 水岸大型文化事件与白象效应

1. 白象效应

那些维护成本高、利用率低的设施被称作"白象项目"。这个词来自东南亚的一个神话：白象被视为具有高度象征意义的动物，它们需要无微不至的呵护，这意味着照顾它们的成本很高。将白象作为礼物馈赠他人是一种令人尴尬的荣誉，受礼者不得不承担养育动物的负担。白象用来比喻造价昂贵、奢侈又没必要的项目再合适不过了，如果这种项目无法自给自足，那么就会持续浪费资源。一个早期的例子是为伦敦 1908 年奥运会而建的白城体育场。按原计划，该体育场将在会后拆除，但是后来的一项运动成功保留了这座体育场。奥运会结束后，该场址在随后 20 年里都未曾充分利用，这意味着它可以说是现代时期重大事件"白象"效应的第一个例子[288]。

安德鲁·史密斯（Andrew Smith）总结了在举办大型事件时经常会遇到白象效应的四点原因[265]（图 6-22）：外部的压力、供应为导向的发展、赢得竞标、炫耀。

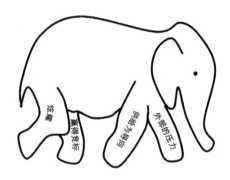

图 6-22 白象效应出现的四点原因
资料来源：作者译自 Smith A. Events and urban regeneration:the strategic use of events to revitalise cities. New York:Routledge, 2012.

　　越来越多的人觉得，新设施的建设应该满足切实的需求，否则的话，不如利用现有设施、临时设施或附近城镇的设施。这种观点现在已经受到广泛认同。不过，主办城市仍在继续发展多余的新建场馆。在投标过程中给当权者留下深刻印象的需要、在活动期间充分炫耀的期望、事件权利人的硬性要求，这些都是解释白象效应持续出现的原因。白象效应还可能源自一种天真的态度：尽管某些设施明显缺乏需求度,不过新设施总能带来点利润和需求。下文进一步阐释了这四个因素。

　　（1）赢得竞标。如果一个城市想要在一场竞标中获得主办权，那么就很有可能产生白象项目。如果主办城市十分渴望获得主办权，那么它们很有可能提议建设吸引人的设施。如果在竞标前，主办城市没有进行合理的成本效益分析而且还赢得了竞标，那么它不得不兑现诺言，兴建不合理的奢侈设施。正如曼甘（Mangan）所称，对于活动设施，"人们有雄心抱负，但是没考虑实际可行性"。被授予活动主办权的组织希望它们更加具有纪念意义、更精彩，所以，组织方很少会授权给比较节俭的竞标者 [289]。

　　（2）炫耀。出于政治目的的炫耀通常也是白象项目的合理解释。在全世界观众的注目下，政界精英总是难抵诱惑，兴建足以向世人炫耀的设施。其中一个例子是 1998 年马来西亚吉隆坡举办的英联邦运动会。即使当时现有体育场足以举办盛会，但是依旧建设了一座有 10 万座位的体育场 [290]。新体育场周围还有其他新设施和运动员住宿区。奢侈的消费被认为与以前的英联邦运动会主办者风格明显不同。当地媒体指责首相的过分行为"自私自负" [290]。政治的虚荣意味着场地的象征性影响往往以牺牲实际的后事件考虑为代价。这就是为什么标志性设计经常被委托。具有野心的设计可能有助于营销，但建设和维护成本更高。创新设计也可能不利于事后使用。

　　（3）外部压力。有时候，即使是组织方也会硬性要求主办方建设白象项目。经常会有关于场地的大小、位置和规格的规定，这些规定意味着设施不适合其建造地点。其中一个例子就是举办 2010 年世界杯的开普敦绿点体育场。这个壮观的场地是按比例、规格和位置建造的，它的位置旨在满足事件权利持有者（国际足联 –FIFA）的偏好，而不是当地市民的需要。

（4）供给为导向的发展（"先建设，后引入"的战略）。即使有关部门知道没有足够的证据表明市场的存在，然而却依旧会建设专用场馆。对某种活动缺乏现有需求或许是建设新场馆的动机。例如马来西亚这样的地区建设了新设施，并希望这些设施成为发展体育事业的催化剂。这同样适用于文化活动。市政厅可能愿意鼓励人们更多参与某些当前需求量很低的活动。当里斯本主办 1994 年欧洲文化城市活动时，建设了几幢引人瞩目的文化场馆。霍尔顿（Holton）指出，建设新场馆的主要动机是想鼓励人们端正行为，并将葡萄牙市民"训练"成文化消费者[277]。采用"先建设，后引入"战略建设活动场馆的方法被认为是臭名昭著又专横。有多个活动场地的例子已经建成，希望新的设施能激发对内部活动的兴趣。但是，很少有案例能证明这种投机性政策发挥了作用[20]。

白象效应的几个典型例子有：蒙特利尔 1976 年奥林匹克运动会的主场馆以及悉尼 2000 年奥林匹克运动会建造的主场馆。前者在建造之时，由于当时的市场坚持要求壮观的设计造成了不必要的成本超支和工期延误。建筑师罗杰·塔利波特（Roger Tallibert）过度关注于场馆本身与场馆的短期用途，使其在会后并不能用作棒球场和足球场等体育竞技场所。这个场馆每年需要 4 千万美元进行维护，并且它使得城市花费了 30 年来摆脱负债。后者在会后无法吸引足够大规模的活动使其 8 千座的场馆位置不能被充分利用，更严重的是来自市中心的场馆（例如悉尼板球场、悉尼足球场等）激烈的竞争。2004 年雅典奥运会造成了对于城市和国家来说具有毁灭性的影响。过度豪华的体育设施现在已基本废弃，其建设和维护（或者说缺乏维护）成为希腊财政危机的一部分。北京奥运会则需要大量动迁"鸟巢"周围的原住民，这对城市经济资本和城市结构的长远影响很难说一定合理。对于上海世博会后的场馆再利用也是众多学者一直研究的一个难题。

避免白象效应可以通过：利用现有场馆、提前确定长期用户、使用临时结构、建造可以转换用途的场馆以及建造分散在"卫星城"的场馆。然而这些决策都需要通过各方的博弈来决定[20]。

2. 上海后世博遗产利用

尽管上海世博会的筹办和场址建设展示了活动筹备和会后再利用的高度融合，后世博会计划的实施并不像预期的那么顺利[246]。世博会后，上海世博会场址经历了为期 8 个月的拆除过程。对于多数国家主题场馆，安排了设计拍卖和建筑材料拍卖，将这些场馆在其他地点重建。例如，瑞士馆以 700 万元价格拍卖，将在镇江重建；挪威馆捐赠给重庆，将在重庆重建。对于一些最受欢迎场馆的所有国而言，如意大利、法国和沙特阿拉伯政府，则愿意将场馆作为礼物赠予世博会主办方，成为永久性文化设施。学术界和公众激烈讨论如何在会后以最佳的方式利用这些场馆。尽管国际展览局（BIE）要求在每届世博会后所有场馆都要被拆除，然而对于优秀场馆进行再利用的情况除外。如果符合条件，那么如何将临时性建筑转化为可接受的永久性建筑？这场讨论让

表 6-1 世博会主要保留建筑及其会后所有者

世博会设施	后世博功能	所有者
中国馆	中国文化博物馆	宣传部
世博会演艺中心	梅赛德斯—奔驰文化中心	宣传部
世博会新闻中心	世博会中心	上海展览中心（集团）有限公司（SEG），政府行政管理部门直属
世博会主题展览	上海世博会展览与会议中心	上海东方最佳会展管理有限公司
沙特阿拉伯馆、意大利馆	沙特馆阿拉伯馆、意大利中心	世博发展集团
城市未来馆大厅（前南市发电厂）	上海当代艺术博物馆	宣传部

资料来源：Chen Y, et al. Shanghai's Huangpu Riverbank Redevelopment Beyond World Expo 2010. AESOP,Utrecht/ Delft，The Netherland, 2014.

沙特馆和意大利馆作为文化中心得以再利用。由于有关优秀场馆命运的讨论仍在继续，上海市政府决定，在接下来的五年中保留大量场馆，直到有更好的办法为止。

经过些许修改后，这些新建的建筑和大量保留建筑被转让给新主人（表6-1）。除梅赛德斯—奔驰文化中心外，其余所有建筑几乎都没有盈利，博物馆被要求免费向公众开放。由于这些建筑所有者不同，周围还有很多大门和障碍物，彼此通达性不佳，也没有连接公共交通设施，因此游客有限。由于游客有限，地铁站也被迫关闭，这进一步削弱了浦东新区这些文化设施的开放性。所有者不同也造成了建筑管理协调上的困难。而且，虽然会后规划清楚地界定了街区的功能，但是仍然缺乏更详细的指导。会展区域和商业区也进行了类似的规划，28个地区总部将坐落于不同的街区。然而，在确定其建筑特征，特别是总体城市质量或公共空间方面却做得很少。与此类似，浦东和浦西的前世博会场址内许多街区都没有进行协调，最终定义为商业和办公功能，这和临近的浦东陆家嘴金融中心的功能非常相似。另外，所有的城市区域都仅关注自己的街区。具有强大财政背景的区政府已经开发了自身的河岸，如上海徐汇滨江。其他区域由于财政困难，很难开始发展试点，如杨浦区。投资项目和投资者的之间的竞争也不利于城市区域的协调。虽然城市街区的发展仍在继续，但是在跨江渡轮在会后停止服务后，黄浦江两岸不同区域连接整合的概念看似消亡。

6.4 小结

　　体育和文化类的盛事策略被越来越多地看作是城市提升宣传自己形象和国际地位、开展城市转型过程、应对经济衰退和社会隔离的重要策略。政策制定者在制定此项策略时最先考虑的是经济和社会效益。大型盛事策略确实在帮助塑造新形象并进行城市营销方面有所帮助，但是如果大型盛事策略仅仅限于形象转型、城市营销和旅游业，那么大型盛事策略的催化剂效应将会大打折扣 [291]，旧区活化不仅仅需要产品和形象的创立 [292]。大型盛事政策和策略实践应该切实考虑，将长期性的空间发展策略与经济社会环境和旅游策略方面的城市总体目标远景相结合，才可能得到最广泛的可持续性的影响。

　　有相当大比例的重大文化事件发生在后工业化城市的水岸。去工业化造成水岸地区的衰败、城市功能衰退、人口流失，而往往振兴这样地区需要政府付出巨大的人力、财力。依靠举办文化事件的契机不仅可以使得再开发项目获得资金来源的渠道，也是调动各个方面资源和能动性的一种手段，它使得在常规政策下不可能实施的一些大型城市建设项目得以建成，也使得公共的、私人的各投资建设项目在时间上得到了同步。"计划"的事件，也可以成为城市活力的"调节器"，从而激活一些早已衰败或者没落的城市空间，实现水岸区域的复兴。

　　重大事件的举办通常还涉及大规模的城市建设和城市再开发项目。通过事件激活一个区域而促进城市空间全方位的复兴。例如：巴塞罗那利用 1992 年奥运会的契机，城市向东南沿海扩展，成为依靠文化事件实现城市再开发的典范。2000 年悉尼奥运会使悉尼成为一个受欢迎的花园城市。

　　城市空间成为事件固定或者临时性的展示载体，反之，事件也将公众的视野重新引入对于城市空间的关注中。事件作为诱导城市空间变更的要素，城市空间也因此被烙上历史事件的痕迹，这种更新下的产物往往被叫作事件空间（Event Space）[265]。事件空间与城市日常空间在本质上具有差别。当事件落幕之时，事件空间也需蜕变为城市日常空间。事件空间的转型应该在事件规划前期被给予充分的考量。

　　事件空间往往与奇观建筑的建造相联系。奇观建筑往往具有城市形象重塑、城市营销等作用。然而奇观建筑对于水岸空间的整合起到消极的作用。肯内特·弗兰普顿教授曾指出应该思考，"是让相对分离、独立的物体增殖，形成城市环境中的非场所空间，还是把创造场所的巨构融入场地当中，成为城市发展的特例，而不是融入无差别的、令人厌烦的靡靡之音中"。此外奇观对社会日常生活依旧具有一定的排他性，同时奇观的出现对于地域性文化无疑是强烈的冲击。

　　全球化的背景下，水岸开发方式被迅速移植，这也影响到大型水岸文化事件的举办模式上。开发思想、方法、经验被借鉴，为了避免造成"千篇一律"的形象，水岸文化事件应该努力打造属于本地区域的特色。

如果基础设施得到了改造或者新的（可负担的）住房被建造起来，那么居民可能会间接受益于世博会和奥运会等大型活动。但是，在规划和咨询阶段都需要考虑到这一切。事件不仅作为引发城市更新的触媒，而且作为社会工具以及休闲活动的形式，同时它们也具有一个更加深刻的角色——传递一个社会的价值。

第7章

以工业文化遗产集聚为特征的水岸再生
——上海黄浦江西岸

CHAPTER 7

7.1 西岸水岸区域发展历史

作为上海黄浦江南段重要的城市滨水区段，20 世纪 30 年代前后黄浦江西岸曾是民族工业资本的集聚地（图 7-1）。徐汇滨江的厂区完成国有化或公私合营，新建了包括上海飞机制造厂等一系列的工业厂区。徐汇滨江成为以交通运输、物流仓储、生产加工为主的城市重要功能区，沿江分布有大量工业厂区和工业遗存。例如火车南浦站、日晖港、北票码头、上海飞机制造厂、龙华机场、上海水泥厂等，都是当时上海重要的民族工业[293]。

20 世纪 90 年代，上海城市进入转型期。随着城市空间的拓展和新的大型交通枢纽设施的建设，徐汇滨江地区逐渐丧失了以交通、物流为核心的区位优势。与此同时，传统计划经济体制向市场经济体制的转型、生产技术的更新换代等，也使得滨江地区的传统工厂企业陷入困境，不少工厂处于"转、迁、并、关"的境地。滨江地区逐渐成为经济相对萧条、居住环境恶化、公共设施匮乏、流动人口聚居的城市工业锈带，亟待实现地区功能结构的转化和社区活力的复兴。[1]

2002 年，随着"黄浦江两岸综合开发计划"的正式启动，包括 2010 年世界博览会会场在内，浦江综合开发规划区面积约达 66.6 平方公里，南北跨度达 20 公里，北至吴淞口、南至徐浦大桥。该计划在未来 10 年的基础上，通过产业结构的调整和地区再开发，使得黄浦江两岸滨江地区的功能完成转换：从原来以交通运输、仓储、码头、工厂企业为主的生产功能，转换为金融贸易、文化旅游、生态居住等现代服务业和居住功能[294]。原有的生产空间将转变为生活空间，城市边缘的衰败空间将转化为城市中心活力空间，带来滨江地区经济、社会、文化的全面复兴。

如今的浦江西岸，在迎来了产业结构调整以及去工业化过程的同时，也经历着历史建筑的再利用、资本的输入与调整、绅士化、文化复兴及娱乐化等因素的介入。作为城市文化的重要载体，西岸的工业遗产空间也得到了进一步的改造利用，其自身不仅仅承载了时代的记忆，改造后的空间因注入的新的内涵也将现代城市的文明持续传承下去（图 7-2 ～图 7-4，表 7-1）。在未来，随着"泛中心化"的城市进程，曾经位于城市边缘地带的西岸，很可能在城市更新的进程中成为一个新的城市核心区。

---

1 引自上海同济城市规划设计研究院. 徐汇区滨江工业建筑调查.2007 年 12 月。

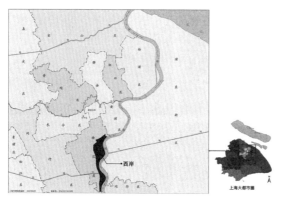

图 7-1 上海徐汇滨江的地理位置

图 7-2 徐汇滨江（西岸）的发展历程
资料来源：西岸集团提供

图 7-3 徐汇滨江（西岸）的工业分布示意图
资料来源：西岸集团提供

图 7-4 徐汇滨江（西岸）旧工业遗存
资料来源：西岸集团提供

表 7-1 西岸发展重要的历史阶段

发展阶段	城市定位	重要事件	空间形态	空间功能
20世纪初至90年代	上海重要工业基地	上海石油化工股份有限公司、上海港煤炭装卸公司北票码头、上海电力燃料有限公司、上海水泥厂、上海联合水泥厂、龙华机场、上海飞机制造厂、南浦火车站、龙华机场等建成，成为铁路、煤、铁、砂、油等工业厂房、仓储码头的集聚区	片区内集聚了上海水泥厂、火车站等各种工业建筑及仓储码头	工业生产与居住
20世纪末至21世纪初	工业废气、企业搬迁	1997年上海都市产业结构调整，确立中心城区优先发展现代服务业的布局，现代化产业结构的调整令徐汇滨江工业没落	工厂废弃，部分企业搬迁	工业建筑闲置居住
21世纪初（2002—2011年）	实质建设阶段	上海取得世博会举办权，黄浦江两岸进行综合开发，徐汇滨江开发启程，龙华机场搬迁，"七路二隧"也动工建设，徐汇滨江的开发真正拉开了大幕	新增道路及景观建设，绿地空间得以保留和增加	休闲观光
近期（2011年以后）	工业遗存艺术再生，文旅城初步融合	对工业遗存进行改造修复，建设了龙当代美术馆、余耀德美术馆、西岸艺术中心、东方梦工厂、西岸传媒港、水边的安芙蒂娜剧场等一系列美术馆、艺术交流中心等艺术圣地，商业休闲设施、公共空间设施不断完善，地标建筑和展会演出受到各地游客青睐，城市及文化业旅游日益融合。	公共交通、环卫设施大量建设；新增酒店、购物等业态用地；原工业建筑经改造成为博物馆等艺术空间；绿地游憩空间进一步扩大	创意园区、商区、社区联动，生产、消费、生活的空间出现

资料来源：刘燕菁. 基于空间生产理论的徐汇滨江"西岸文化走廊"构建研究. 上海师范大学，2015.

7.2 西岸水岸再生的空间层级

7.2.1 政策及前期准备

1. 规划先行与产业主导

徐汇滨江地区的开发建设经历了两个阶段。第一阶段为滨江地区物质空间形态开发阶段，开发重点是土地收储和环境建设。利用世博会的契机，在举办会前两年多的时间里集中收储土地 2.53 平方公里；动迁企业 116 家、居民 3500 多户；建成"七路二隧"等道路骨架工程约 20 公里（包括第一条驱车看江景的龙腾大道 5 公里）；建成滨江公共开放空间 30 公顷。第二阶段为全面开发阶段，即从物质空间形态开发转向物质空间形态开发和功能开发并举、功能开发和产业发展并重[295]。西岸开发围绕着"规划先行、文化先导、产业主导"的基本思路，在打造了西岸文化走廊品牌工程之外，还着力加快推进商务区的整体开发。

"规划先行"是西岸重要的发展战略。城市复兴需要好的城市发展战略，需要城市规划和城市设计控制政策的有效引导，以及较好的城市交通规划和政策。在开发建设与经营管理的过程中，西岸集团坚持在政府的指导下进行市场化的运作模式，以及一带一核多节点的空间结构和布局。以主导传媒港的开发为例，以集约化的资源整合为理念，在各个小地块出让，各地块权属独立的条件下，地下室及地上公共区域整体开发，实行统一规划、统一设计、统一建设、统一管理的"四个统一"的创新开发模式。"产业主导"的理念也集中体现在西岸发展的定位上。在后世博阶段，西岸的角色逐渐从一个土地开发者的角色转型为文化产业链的后端增值服务商，探索通过项目融资带动企业的发展，突破文化产业的营收价值，致力于将徐汇滨江重塑为集文化创意传媒、文化旅游与商务商贸为一体的现代化城市滨水休闲区。

2. 城市开发公司作为更新的推手

上海西岸投资发展有限公司对徐汇滨江空间重构影响重大。2012 年 12 月 28 日，伴随着上海徐汇滨江地区综合开发建设管委会召开，上海西岸开发（集团）有限公司成立。作为国有独资企业，经徐汇区人民政府授权，西岸集团负责徐汇滨江地区综合开发建设与后期的运营管理[296]。其下属的滨江开发公司，作为其职能部门，执行二级开发的任务。这种公共与私营部门的紧密结合，保证了西岸开发的统一化与迅速化。我国特殊的行政体系也决定了政府在资本导向中的决定性作用。作为国家行政权力的主体，也是空间生产的重要主体之一，其决策对于滨江区域的物质文化生产和变迁起到了决定性的作用。

西岸集团的角色类似于 1980 年出现在英国的伦敦码头区城市开发公司[17]。同时，城市更新也需要多方的参与和合作。这体现在众多的更新实例中：例如在巴尔的摩港口的更新过程中，体

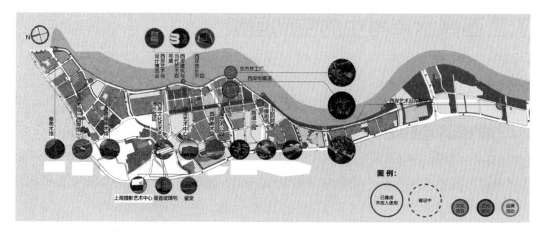

图 7-5 西岸文化走廊品牌工程布局图

现了以公共政策与私人资本配合的新型公私合作关系。公私合作的方式还出现在蒙特利尔、悉尼达令港以及鹿特丹港区的更新中。与此同时，高品质的设计力量也是必不可少的。在 1985 年英国伦敦金丝雀码头的开发中，半官方的伦敦港口开发公司掌握着土地所有权，同时与私人开发商进行合作，形成公私合作的模式。与此同时，多家全球顶尖的设计公司都参与到金丝雀码头的项目之中，例如 SOM 公司以及建筑师西萨·佩里，这些项目都极大地提升了周边土地的价值，吸引了大批全球知名的金融企业入驻，以大规模的办公服务区取代了原来的工业码头，实现了区域的复兴。同样，在西岸的建筑设计中，西岸集团也通过引入具有国际水平的设计力量，例如，妹岛和世建筑设计事务所等，来保证西岸的建筑设计水平，从而打造具有特色的西岸名牌。城市更新应该是更加一体化的方法，由城市各方利益团体以及更好的区域政策相配合。

7.2.2 水岸文化策略与工业遗产的再利用

1. 文化政策与文化事件

2012 年，徐汇滨江地区被列为上海"十二五"时期六个重点开发功能区域之一[2]，徐汇区发布《文化发展三年行动计划》。西岸的文化更新就此拉开序幕。在西岸，以文化为导向的物质空间的变迁占据了整个滨江地段物质空间再开发的主要地位。利用大量的历史建筑、工业建筑遗存，打造一个区别于后世博的文化产业区，并重点打造"西岸文化走廊"品牌工程，同时推进以"梦工厂"为旗舰的西岸传媒港等西岸商务组团开发[295]（图 7-5）。

而在世界范围内，20 世纪 80 年代中期文化导向的更新方法已经成为主流[53]。以文化为导

---

2 六大重点开发区域还包括：浦东前滩、世博园区、临港地区、虹桥商务区、上海迪士尼乐园。

图 7-6 西岸文化事件
资料来源：西岸集团提供

向（culture-led）的区域更新近年来逐渐取代了以地产为导向（property-led）的环境更新（其后者往往受到地产市场行情的影响）[297]。作为工业革命发源地的英国，早期的以伦敦码头区、曼彻斯特、伯明翰（布林德利）、谢菲尔德为代表的地产导向的更新逐渐被格拉斯哥、利物浦、纽卡斯尔（盖茨黑德）等城市的文化导向的更新所取代 [297]。这种转变也鲜明地体现在上海西岸和陆家嘴地区水岸更新中。

文化导向的城市更新的手段更加具有多样性。其目的包含了促进文化产业的发展以及提高城市的形象。以文化引导的城市更新的定义，即用艺术和文化促进城市振兴，从而打造城市的名片[54]。而城市名片的打造，即通过对于城市意象的塑造去引导城市更新。如果一个意象变得过时，城市可以选择改变它，即再意象（Reimage）。城市如何呈现自身，以"推销"自己，并在与其他城市地区的竞争中取得成功，往往可以通过基于建造文化地标的城市设计来实现 [298]。例如：西班牙毕尔巴鄂的古根海姆博物馆及其引发的"毕尔巴鄂效应"（Bilbao Effect）[298]、加州洛杉矶威尼斯海滩等 [299]。

在众多文化更新的手段中，文化事件作为城市更新的触媒，在某些案例中可以有效地挽救衰败的城市。巴塞罗那就曾经依靠两次文化事件（奥运会和世界城市论坛）提高城市的形象。在1992 年的巴塞罗那奥运会中，城市更新借助中医理论，采取"世界针灸式"疗法，激发了城市活力，成为东西文化相互交融下的经典更新案例。

2. 文化与工业遗产改造

西岸打造的众多城市文化事件，作为处理城市结构性问题的方法，成为滨水区建设和再开发的催化剂（图 7-6）。在西岸，呈线性发展的地理空间的更新随着时间带的延续一同展开，呈现

表 7-2 文化事件引发的浦江西岸滨水空间变更表

时间	典型的文化事件	典型更新实例
2012.12	龙美术馆开馆	原北票码头煤漏斗仓库改造
2013.10	西岸建筑与当代艺术双年展开幕	上海水泥厂预均化库改建
2014.05	余德耀美术馆开馆	上海飞机制造厂机库
2014.09	西岸艺术与设计博览会开幕	上海飞机制造厂冲压车间改建
2015.09	城市空间艺术季开幕	艺术家工作室
……	……	……

出从北向南的推移，时间与空间在这里耦合了。在时间的推移中，重要事件起到了引导作用，串联起了背后物质空间的次序变更。由于大多重要的物质空间的更新都是通过政府的干预来得到执行的，空间也因此带有了一种议题性和政治性的属性，这种空间政治化的趋势伴随着城市在权力机构心目中政治、经济、文化地位的加强而越发明显[300]。在浦江西岸，伴随着文化事件的进行，作为其空间产物的文化地标也逐渐建立起来（表 7-2）。

在文化地标的建设中，将滨水地区工业建筑进行转型和改建（图 7-7 ~ 图 7-9），而不是将一切推倒重来，将最大限度地保护历史资源。在国内外大城市开发建设的实践中，城市滨水区的再开发往往同地区的文化复兴结合起来紧密推进[301]。水岸的再开发建立了城市过去和未来的对话。通过保留历史环境，同时与旧城的空间结构相协调，体现了独一无二的文化性和地域性；与未来的对话则体现在为原有城市提供更多的机会，使其与水岸重新建立连接[5]。文化场馆的规划应注重保持城市肌理、维持街道尺度和视觉上的连续性，并与城市文脉相协调，创造出浓郁的地域文化氛围。

7.2.3 水岸公共空间的塑造

徐汇滨江的沿江公共绿地是世博会区域的景观对景点，对后滩地区呈拥抱之势，是黄浦江沿线整体景观构架中重要的视觉焦点，也是浦西向浦东眺望的主要观景场所。其设计目标定位在"创造既能观赏两岸优美景观，又能体味历史气息的滨江休闲景观带"，并进行了国际方案征集，希望在三个方面达成设计目标：通过徐汇滨江绿地和腹地之间进行联合和互动，结合空间特色布置休闲、娱乐、商业等主题功能，创造多样化的公共活动空间；通过滨江地段标高的变化并在堤外设置标高较低的亲水活动平台，提升公共活动的亲水性和多样性；最后通过地形的变化和亲水湿地的设置实现对滨江生态环境的保育，塑造具有地区特色的生态景观（图 7-10，图 7-11）[133]。

图 7-7 原北票码头煤漏斗改造为龙美术馆
资料来源：西岸集团提供

图 7-8 余耀德美术馆
资料来源：西岸集团提供

图 7-9 西岸美术馆
资料来源：西岸集团提供

　　此外，工业遗产的再利用除了建立文化地标之外，还体现在公共空间的改善和更新中。欧洲许多老工业港口，都利用工业遗存的构筑物，建立起富有魅力的滨水空间（图 7-12）。城市的滨水空间曾被形容为"表达对城市活力期望"的场所 [302]。作为一个拥有传统工业区的滨江地段，为了不失去其独有魅力，应该尽可能地保护和再利用这些成片的重点区域，如在滨江地区工业遗产集中的地段，保存完整的大型厂区，建立具有历史特色的居住区，同时还应该重点关注滨江公共空间的塑造。

　　然而，由于黄浦江沿江的城市开发政策缺乏统一的土地利用监管规划，因此导致了各个地块在极少限制条件下独立开发及更改这片区域的建设环境，其结果是，滨江极度缺乏公共开放空间，沿江建设的封闭式社区使得建筑底层沿街面缺乏协调及持续性。而保证滨水区沿线道路的连续性对于处于线性滨水区两侧的城市空间具有极其重要的意义。因此，在城市更新的过程中，交通等基础设施与城市功能必须联动，通过基础设施的建设，建立起组织一切公共活动的基础和前提，带动城市资本在滨江的线性城市空间中的运转。沿江可以设置有轨电车或者一些交通线路，使得滨江的交通系统更为完善，滨江公共空间的可达性也将得到提升。

图 7-10 西岸滨水空间
资料来源：徐毅松．浦江十年：黄浦江两岸地区城市
设计集锦．上海：上海教育出版社，2012.

图 7-11 西岸滨水走廊

图 7-12 意大利港口城市热那亚的滨水空间

此外，增加两岸日常类生活设施，加大对临时设施的利用，考虑不同人群对活动的需求，有针对性地在不同区域提供相应设施等，可以增加市民日常活动在滨江的停留时间。

7.3 以工业文化遗产集聚为特征的水岸再生的特征与冲突

7.3.1 对于工业遗产价值认识的转变

20 世纪 70 年代，对于保护广阔的水域和大型的工业建筑群的知识领域还未广泛涉及。保护大型码头建筑景观和工业水景需要新的发展策略。单体建筑带来的物质挑战很难评估，因为这些场地通常是建立在沼泽或者填海土地上，其基础可能不符合现代的标准。港口墙壁和基础服务设施被设计用于不同目的，并且在很多情况下已经过时了。历史的水岸不仅由建筑物组成，还有一些结构、码头墙、历史文物以及不同时期材料的标记。在地下还有体现着以前所做的工作、实践和原始的地形特征的基础设施。除此之外还有一些法律问题，例如访问权限（使用权）和多种责任。通常情况下复杂的分割模式属于多层次的租赁以及不同所有权的小块土地和财产的集合。历史构筑物作为新用途的潜力受到了不断变化的工作场所安全标准的影响。

有必要为被认定为历史结构的建筑物寻找新用途。容纳汽车并且与现代服务相接轨是主要的问题。更重要的是，有必要组建一系列的设施，以吸引和服务新用户。新的用途有它们自己的标准和规定——从自然光线标准，到防火、逃生方式等。不能准确了解一个结构的改变所带来的经济上的不确定性，伴随着对没有在市场上出现过的地产需求水平的预测性困难。这一地区的市场定位受到了新的基础设施供给和其他服务的提供者所能实现程度的影响。清晰地了解什么构成了城市历史区域的历史肌理并不是很容易。大多数的遗存结构与目前"历史"的定义并不匹配。小而紧凑的历史区域的特征相对容易界定，但大型工业区的情况却大相径庭。保护的过程本身就是不确定的，大规模保护的艺术性之一就是知道何时该允许拆除，何时该为保护而战[303]。更加不易协调的是当土地或建筑物被转移或者其用途发生改变时出现的责任及法律问题。一个世纪以来的港口和相关工业地产的工业经营，创造了复杂的界限和责任。港口当局通常是那些不得不忍受自己产业衰落的组织，并且希望将其作为一个工作的码头来保护，同时保留已经不再适合的访问权限。换言之，工业业主看到了从之前被认为毫无价值的资产中赚钱的机会，无需多做什么他们就能从整体的改造中获利。然而，从另一方面来看，通过禁止发展，业主可以减少那些计划带来的风险，维持低价值的用途，从而实现在整个地区的变化中减损。

这需要利用土地大幅度升值所获得的回报来弥补保存和修复的费用。既有的开发行业是风险规避者，他们情愿去拆除这些旧建筑并用新的建筑代替它。许多情况下，当地建筑业缺乏处理大规模旧结构的技术。许多早期的成功都依赖于一些有远见的个体、技术和坚持来实现他们的目标。例如在巴尔的摩和波士顿进行实践的劳斯（Rouse）集团以及伦敦的沃兹沃思（Wadsworth）集团[303]。

再生的计划不仅需要尽可能多地保护当地遗产，而且还要鼓励挖掘隐藏的历史，特别是当地或离散社区的历史。为了现代目的对遗产建筑（例如，前工厂、火车站）进行再利用是一种常见的再生策略，但这可能是有问题的，因为原来的工人可能不会觉得与新城市结构有隶属关系（并且并不是所有的工厂工人都可以或想要被重新培养为策展人或零售经理，这背后不得不涉及社会结构的变动）[178]。

7.3.2 工业遗产与文化资本的结合

1. 文化引导城市更新

当对于文化和创意城市的推崇在北美和欧洲蔓延的时候，在亚洲它也悄悄萌芽了。全球化的趋势加强了文化引导的城市更新的传播[83, 304, 305]。同时随着创意经济概念的出现，亚洲的城市更新也越来越多地跟文化要素联系起来,利用文化使得城市更新得以重组的相关的活动也日益增多。1982 年《中华人民共和国文物保护法》颁布，加强对于文物古迹以及历史城镇的保护与规划[306]。并且从 20 世纪 90 年代开始，由于受到全球化以及全球文化遗产旅游的刺激，亚洲的城市都开始抛弃了"推倒重建"的城市更新方式，转向将自身的文化遗产作为一种更新策略来和其他城市进行区分。几种文化引导城市更新的方式，在亚洲城市中开始流行起来，它们大多数反映了北半球的潮流，包括：标志性的文化建筑、空间，遗产保护以及水岸振兴，创意产业等[83]。

标志性的文化建筑：采取西班牙毕尔巴鄂(古根海姆博物馆)以及澳大利亚悉尼(悉尼歌剧院)模式，一些大型的城市选择在标志性的文化大型工程上面进行投资，经常由明星建筑师进行设计来创造出名声在外的更新。例如：北京国家表演艺术中心(法国建筑师保罗·安德鲁 2007 年设计)以及上海东方明珠电视塔(上海现代建筑设计集团 1994 年设计)。

遗产保护以及水岸振兴：中等规模以及大型的城市例如成都、上海、天津，制定了保护计划来使得破旧的城市中心得以振兴，突出强调场所感并且促进旅游业。废弃的水岸和被遗弃的工业建筑遗产被重新利用作为文化和休闲的场所。服务导向的区域开始出现，增长的晚间经济时代，通常由先锋派艺术画廊、饭店、购物广场组成，例如上海的 M50 (一个旧仓库被转换为绘画—雕塑画廊 / 工作室)。

创意产业：越来越多的亚洲城市，例如北京、成都以及香港都鼓励发展新的文化产业，例如时尚、电影以及媒体产业。促进创意产业发展是中国经济和社会发展第十二个五年计划 (2011—2015)中关键的策略性增长政策，来促进从"中国制造"到"中国创造"的转型。

对于许多正在经历着更新的地区而言，其中心思想就是发展文化设施、旅游工程与公共艺术。彼得·霍尔（Peter Hall）承认：文化现在被视为破败的工厂、仓库的神奇的替代品，作为创造城市新形象的工具，使得城市对于流动的资本以及流动的专业工人而言更具吸引力[307]。因此，文化、艺术与娱乐占据了许多城市更新的中心地位。以纽卡斯尔—盖茨黑德（Newcastle-Gateshead）为例，该城市拥有从面粉厂改造而成的巨大的钢铁构架和艺术画廊，在最近被命名为世界顶级的创意城市。文化更新作为城市更新策略的一部分趋于流行，例如利物浦和鲁尔区都强调他们的文化独立性。许多城市通过建造博物馆、音乐厅、运动场以及艺术画廊来促进文化发展。游客参观纪念碑、参观表演以及展览，这些都对于经济具有积极的影响，并且有人认为一个新兴的创意阶级在许多城市中逐渐凸显，这促进了经济的生产率的提高[308]，尽管也存在有对于文化刺激经济增长方面过于乐观的担忧。文化振兴同时能够帮助提升公民身份并且改善特定区域的形象——这被形容为"城市助推主义"（City Boosterism）[309]。

文化引导更新的例子包括，丹地探索点（Dundee discovery point）以及奥弗盖特商场（Overgate Center）得到翻新重建以及城市艺术行动计划的支持，并与城市更大范围的更新策略相衔接。在利物浦有世界闻名的洞穴俱乐部（Cavern Club）和泰特美术馆。基于对具有国际声誉的美术宫（Palais de Beaux Arts）的改造，里尔成为 2004 年的欧洲文化之都。鲁尔区充分利用工业化的历史，通过创建工业地标使得他们的工业遗产世界闻名。其中包括杜伊斯堡北部前钢铁厂，现在成为一个休闲娱乐设施，以及在艾歇姆公园里对于公共艺术和雕塑的运用等[271]。

2. 西岸文化资本集聚

西岸的文化集聚效应在短时间内促进了城市资本再分配，资本调整的背后是整个滨江地区物质环境的巨大变迁。滨江空间能够通过更深入和更有效的空间整合获益，基础设施投资和城市化项目的巨大浪潮将城市空间进行了更深层次的整合。同时，西岸的文化先导的更新方式，导致文化资本的聚集及文化产业区的成型。土地出租的价格优惠政策吸引了大批艺术家的入驻，知名建筑师也纷纷在此开设工作室，一期入驻的有大舍建筑设计事务所等 13 处设计机构。在西岸美术馆附近形成了艺术家聚集区，形成了"西岸文化艺术示范区"（图 7-13，图 7-14）。

文化功能的引入在欧洲许多城市的滨水区都有实践，可以通过设置文化发展区和休闲游览区带动城市中心区的复兴。通过历史建筑的改造再利用，调整为文化功能；或者开发新的博物馆、美术馆、图书馆、音乐厅和剧院等文化娱乐和艺术展示功能设施，结合城市中最具生命力与变化的滨水景观，展示鲜明的城市文化和地域特色[310]。例如：巴黎塞纳河"左岸"在更新的进程中也集聚了重要的文化设施、产业和金融公司；伦敦泰晤士河的"南岸"也聚集了大量的美术馆、创意产业和设计师工作室。作为艺术家和营生者的双重身份，艺术家的集聚带有城市企业主义（Urban Entrepreneurialism）的色彩，同时也为这片土壤带来了新的活力。

然而，令人担忧的是，尽管文化集聚效应引发了资本的迅速聚拢，但是文化资本导致地价升值，从而导致城市的"士绅化"现象频发。众多高端封闭居住小区聚集在滨江岸线周边，开始了对于城市公共资源的垄断进程。同样的恶劣效应出现在巴塞罗那滨水区开发的后期。1992 年奥运会之后，巴塞罗那积淀起来的集体符号资本依赖于真实、唯一、特殊的不可复制的品质。然而在滨水区开发后期却丧失了一些充满地域性的标志，甚至出现了明显的迪士尼化的迹象：交通拥堵引发的压力最终导致修建了穿越老城区的宽阔道路；万国商店替代了原先的地方商店；士绅化迫使旧有居民搬迁，摧毁了原有的城市结构[311]。因此，在资本聚拢的同时，保证滨江地区城市空间权利与资源的平均占有，防止原有城市空间肌理的抹平与破坏，应是西岸城市空间调整的重要举措。

图 7-13 西岸文化艺术示范
区示意牌

图 7-14 西岸文化艺术示范区鸟瞰
资料来源：西岸集团提供

7.3.3 文化产业的集聚是否能够驱动当地经济的复苏

1. 文化创意产业的陷阱

在创意经济的范式中，所有的城市都被认为有潜力成功，并且所有的人都被认为具有创意的潜力[312]。潜在的设想就是，全球经济的时代，在艺术和文化方面的投资，能够创造出新的就业机会并且振兴衰败的邻里，其中技术、创造性、人力资本以及创新的能力都是经济增长的主要驱动力。理查德·弗罗里达（Richard Florida）认为创意阶层³是美国后工业城市经济发展的关键驱动力[313]。

根据联合国贸易和发展会议（United Nations Conference on Trade and Development，UNCTAD），创意经济位于世界最具活力的经济部门并且具有潜力产生新的就业机会，使得发展中国家跳跃进入新兴的高增长区域[314]。创意产业涉及的城市的文化资本包括手工艺、历史及文化旅游业、表演艺术、视觉艺术、电影、出版物和音乐等。一些人将创意部门形容为"创意生态系统"，与更广泛的网络、咖啡旅馆以及其他娱乐商业的网络相结合，这些都是为过度流动的创意阶层所服务的[315, 316]。同时，创意产业空间的生成过程不可避免地伴随着士绅化的后果。纽约 SOHO 就是工业区改造成为创意产业区，然而现在已经成为各个奢侈品品牌的聚集点，SOHO 区域空间已成为中产阶级日常消费的场所，成为典型的商品化空间。

随着亚洲城市进入"创意城市"的发展道路，不可避免的问题是新地区内涵和社会认同度也会随着地区活动、社会角色、经济和科技的变化而发展。这加快了创意城市的动态发展和创造性破坏的进程[317, 318]。"不完全发展的城市具有强烈的魅力，其城市化进程让创意居民、游客和商家自行选择、适应和参与，塑造了这片土地的使用目的。"[319] 城市变化的关键出发点是，要深

---

3 佛罗里达根据标准职业分类系统规则将创意阶层分为两大类：超级创意核心与专业创意人士。除了以上两个大类，从事艺术行业的人士也归入创意阶层。

化对文化活动多种内涵的理解和使用——"真实的建筑、真实的人民和真实的历史",而非遍布文化区域的"连锁店、连锁餐厅和夜店"[319]。理解意味着发掘传统街区为城市多样性提供了"互动性层面",超越了单一的文化视野,反映了投资者和商业目的的期望和观念[320]。尼克·奥特利(Nick Oatley)建议,城市复兴政策真正需要巩固城市生活的多样性和区域独特性的地区效应,这样才能让真正的地区认同度而非商业包装的形象进入复兴后的文化区域[321],这也是佐金强调的观点[322]。

上海不乏"800秀创意园"之类的创意集群开发项目,然而其中许多是空置和未使用的。通常情况下,当举办展览或发布会的时候这些空间就暂时活跃起来,然而当活动结束时它们会萎缩,甚至近乎被遗忘,无法保持动力。在对创造力的热切追求中,很好奇上海能吸收多少"创意"空间[109]。

2. 产业应成为区域发展的基础

正如美国旧工业城市区域受到的福特主义危机以及向着灵活积累的过度一样[77],在20世纪70年代,这些美国城市似乎都找到了应对工业衰落危机的良方。即通过城市更新的政策,并基于城市政权与私人部门之间创造性的合作,将城市区域转化为一个服务性的中心。其中,波士顿的港口区和巴尔的摩的内港区就是典型的例子。霍尔(Hall)就曾直接指出:"第一,城市制造业经济的时代已经结束;第二,城市更新成功的举措包括为中心城市寻找和创造新的服务业。"[323]

在服务业的领域里,通过创意产业的培育来应对后工业时代的转型是主要的举措之一[323]。后工业时代重要的产业即是创意产业。为应对后工业时期的城市转型而进行的城市更新的重要目标也就是将创意产业引入城市,并使之成为未来的支柱产业,从而带来新的就业,引发城市新的繁荣。利用文化来作为发展的工具,并从文化对于物质、经济以及社会等方面的更新过程中收益[324]。

西岸的文化产业定位避开了上海浦江两岸其他地区开发的同质化问题,成为以文化引导的工业区域更新的典范。在西岸的发展定位上,集中体现了"产业先行"的理念。同时,"产城融合"的概念,也体现在2016年的上海市政府工作报告中。产业作为一个区域持续发展的基石,在具有主导特色的同时,也需要维持多样性。目前的西岸产业还相对单一,除了文化产业外,还应该注入相应配比的其他产业,从而避免单一的高端项目(现有的文化机构和高端居住区)的开发。文化性地标固然是吸引人的,但它不是城市发展的全部。在文化地标的建立过程中,市场营销与城市形象塑造固然重要,然而城市更新背后的运作机制才是发挥实质性作用的关键[298]。

创意产业不再仅仅是城市更新的一个重要的时髦话语(buzzword),同时也开始伴随着物质空间的转变。正如佐金指出的,文化的增长提高了对空间的需求,而从文化向创意产业的转变,空间的需求再一次地增加了,由于文化机构刺激了创意聚落的形成,城市也逐渐转变为创意城市[88]。这不是一个激进的改变,因为不同类型的创意策略可能会被同时融合进一个大的策略中。城市振兴不仅仅需要新的形象,同时很关键的一点是要有新的经济基础,例如能够为社会提供更多的就业机会。而经济得以有基础,很重要的一点就是产业的引入。产业作为区域发展的基石,是促进城市经济振兴的重要保证，而城市经济振兴则会带来更深层次的城市物质空间的振兴与发展[168]。

7.3.4 文化活动对城市更新的持续推动作用

在英国、美国以及大多数其他西方国家，在近几十年里出现了"艺术引导"城市更新的政策。这样的策略被寄希望于重建城市的外部形象，使得城市对潜在的投资者和游客更具吸引力，并触发城市物质和环境振兴的过程。这样的灵感源于北美 20 世纪 70 年代的经验，例如匹兹堡、波士顿以及巴尔的摩。这些城市尤其是水岸地区在经历了工业化衰退的过程后，试图重新振兴城市中心区。"节庆市场"的振兴模式被采用了，著名的例子有 50 年代波士顿废弃的滨水地区昆西市场再开发项目[325, 326]。这些市场都热衷于重新建立市中心的形象，发展文化区域以及混合使用的区域，以及通过艺术相关的活动来促进当地经济的发展[1]。

雅各布斯强调了美国城市文化蓬勃发展的重要性："我们需要艺术，无论是在安排城市秩序还是在生活的其他领域，可以帮助我们解释生活，可以向我们展示意义，可以点亮我们每个人代表的生命体之间的关系以及我们个体之外的生活。"她随后补充道，"活力、多样性以及节奏激烈的城市包含着他们自身更新的种子"[80]。艺术活动可以对社会生活带来积极的贡献，吸引人们聚集到某个地点以及创造一个活泼的氛围，并提高街道的安全性等。艺术如同其他任何的市民服务一样，对于城市的身份而言都是必需的[327]。夏普（Sharp）、波洛克（Pollock）与帕迪森（Paddison）认为公共艺术可以展示当地的独特性，吸引投资以及促进文化旅游业、增加土地的价值、创造就业、增加对于空间的利用以及减少破坏行为[328]。然而，艺术通常都会遭遇资金不足和被低估的问题。政府经常会采用一个相当象征性的说法来对待艺术，剥削其经济和社会潜能，同时却缺少充足的再投资和支持。因此，为了证明艺术对于城市更新过程的真正价值，需要更多地研究和评估（然而不幸的是，这往往是一个耗费时间、困难以及昂贵的过程）。

很明显，大型以及世界性的城市在过去的几十年里变得更具文化多样性。结果就是增加了令人兴奋和丰富多彩的城市、事件和奇观建筑，其中的大多数都具备全球性的吸引力。桑德科克（Sandercock）提出："我们关于城市和社区最深的感情是在特殊场合下通过嘉年华和节日来表达的。"[329] 旅游业帮助提高了民族节日（Ethnic Festivals）的形象，并且游客显然对节日的文化起源很感兴趣。奎恩（Quinn）[330] 勾画了在城市更新的语境中节日的积极作用，包括：贡献文化民主、庆祝多样性、模拟（Animating）和赋权社区，以及提高生活的质量。然而她也指出，如果节日确实可以带来这样的益处的话，还需要更加好地研究以及更加整体的管理。

活动直接给现场带来活力，即各种空间的社会、生产、生活实践，因此事件的再现与营造已成为越来越常用的遗产保护方式。通过国际城市设计竞赛、著名设计师引导、媒体推介会、著名品牌机构的项目合作、交易会、博览、城市年会等事件，来推动、激发码头遗产的保护和开发。在上海，2015 年的上海城市空间艺术季带动了西岸区域的更新，2017 年的上海城市空间艺术季，依旧选址位于黄浦江东岸亟待复兴的码头区，带动了东岸码头的开发。

由伦敦市长倡议的一年一度的伦敦泰晤士河节也是一个典型例子，组织者充分利用两岸的码头、滨水广场举办为期两天的各种户外活动、艺术表演、互动参与、多媒体展示、商品交易，让市民和游客在事件体验中认知与河道相关的城市文化遗产、生态、艺术、休闲、旅游等信息，同时创造、激活这些历史场所新的活力[136]。此外还有南街港美食街以及波士顿海港节等世界知名水岸节庆活动。

7.3.5 旗舰博物馆作为城市更新的锚点

博物馆就像水泵，它们的存在可比拟地铁站的开放，甚至可比拟机场——是具有提高资产价值的投资。它们有能力提高城市开发的形象，为该区域带来活力[331]。博物馆建筑的新浪潮还突出强调了城市博物馆区位政策的新阶段。第一阶段出现于 19 世纪后半叶，那时博物馆集中于伦敦和华盛顿这样的大城市。后来还出现在一系列大城市中，如阿姆斯特丹、法兰克福、耶路撒冷、克利夫兰、斯德哥尔摩和鹿特丹。

第二阶段更临近当代，大城市的博物馆区位政策特征是，博物馆建筑位于传统建筑聚落以外，便于更新和扩张旅游城市的空间。在伦敦，萨瑟克区的泰特现代美术馆便充当了泰晤士河南岸文化建设和复兴工作的锚点，该地区建立了一系列文化机构，例如莎士比亚环球剧场、伦敦眼、伦敦水族馆、国家剧院、哈佛画廊和移动图像博物馆。伦敦眼和泰特现代美术馆（第一年运营便分别收获了 350 万和 500 万游客）的巨大成功创造了文化活动的两大锚点，与南岸的文化景点联系在一起，并通过新千禧桥和威斯敏斯特大桥促进了伦敦核心旅游区的扩张，将游客引入城市这片曾经的边缘区域[332]。《纽约时报》报道称："下曼哈顿区凭借自身能力已成为文化旅游目的地，并通过大众对遗产和历史不断增加的兴趣获取了资本。现在，十余座博物馆处于运营中，并且在未来几年还会成立新的博物馆。"[333] 除了城市形象的变化外，大型文化综合体也通常被认为对附近区域的复兴起到直接作用。在这些区域中，次级旅游服务可能会出现，如餐厅、酒店、商店和美术馆。这些次级开发项目究竟要开发到什么程度仍旧是一个悬而未决的问题。

博物馆和美术馆也许在本质上是城市地标和旅游景点，然而却应该确保增加当地的参与度和融入度。例如，伦敦泰特现代艺术博物馆等国际艺术画廊有相当广泛的宣传和教育计划。为当地人提供不同的价格或免费通行证，可以鼓励对其进行访问（图 7-15）。

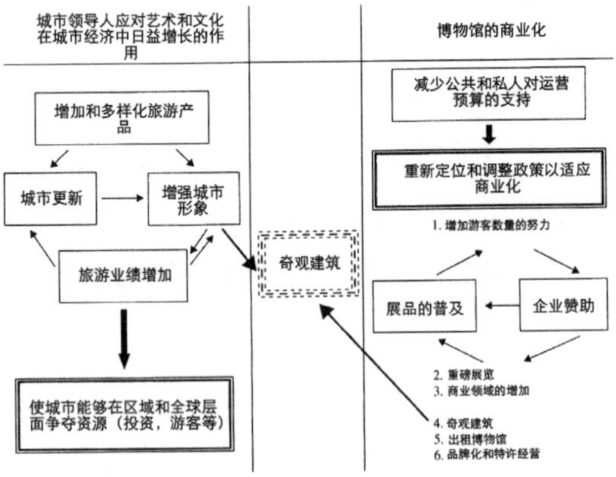

图 7-15 博物馆建造以及商业化过程：一个概念框架
资料来源： Hamnett C, Schoval N. Museums as Flagships of Urban Development// Hoffman L M, Fainstein S S, Judd D R. Cities and visitors : regulating people, markets, and city space. Malden, MA: Blackwell Pub, 2003.

7.4 小结

作为一个港口城市以及新中国成立后工业中心的所在地，上海面临着许多港区和工业区重组和再开发的问题。随着城市滨水区域工业生产属性的落幕，以及城市的新增建设用地划拨的停止，上海正式迈入了"城市更新"的时期。作为上海中心城区内唯一可大规模、成片开发的滨水区域，浦江西岸的再开发对于上海都市空间发展的调整具有重要的意义。伴随着城市需求变更，城市空间形态、土地功能等方面必将进行一轮调整与更新。滨水区域如何进行存量盘活，以适应新时期城市空间及功能的要求，是需要我们重点关注的。在这样的前提下，以城市开发公司作为更新推手，以政策引导、多方合作、文化事件介入、工业地块转型及城市资本再分配为特征的城市更新的"西岸"模式，为我们展示了上海后工业时代水岸更新的新图景。

在伦敦道克兰码头区的历史遗产保护过程中，虽然在当时存在着很多质疑的声音，包括工业遗产保存的技术性问题以及对于城市区域经济发展的冲突，从而未能进行成片成规模的遗产保存。然而依旧可以看到当时伦敦码头公司对于遗产保护坚定的信念以及人们对于工业遗产保存价值的肯定。这为水岸区域工业遗产保存树立了先例。

毕尔巴鄂和上海是城市水岸如何成为新的展示城市愿景舞台的两个重要的例子。上海与毕尔巴鄂相似的一点是，由于工业化衰退导致地区的经济衰退从而面临亟待振兴的局面。作为城市范围内再开发项目的一部分，两个城市的水岸是世界上最广泛的公共领域改造的焦点。两个城市的水岸都有悠久的被荒废的历史，而今天这两座城市正在这些被荒废和忽视的水岸地区寻找着新的表现形式。新毕尔巴鄂和新的上海正凭借着各自的水岸被世界重新发现[98]。毕尔巴鄂是水岸如何提供创造一个新身份机会的典型例子，同样也是对于城市是什么和想要成为什么的新表达；上海也是类似的，从一个工业性质的城市转变为一个对于城市生活品质日益关注的城市。

工业遗产的改造和再利用应该与更大范围内的区域更新策略相结合。在鲁尔区的工业遗产的再利用计划中，工业遗产被改造成为文化、商业等多种用途，对区域整体进行功能性的全面支撑。工业遗产改造的文化机构成为文化旅游的刺激点，也为城市经济带来了通过旅游创造的收入。同时，作为一个历史悠久的老工业基地，鲁尔区一直坚持进行棕地的环境清理，并坚信环境的改善是区域得以复兴的根本，同时建造了大量的社会住宅，IBA 项目丰满的多层面举措，是鲁尔区得以成功复兴的保障。

工业遗产大量改造成为创意文化产业，虽然其对于城市区域更新具有瞬时推动作用，然而其背后却也隐藏着危机，例如单一的创意产业功能是否能够对特定的经济区域起到推动作用。博物馆、艺术综合体、戏剧院以及歌剧厅使得城市由现代主义景观转向后现代主义景观，同时也导致了全球城市景观的一致性。此外，还有士绅化的风险存在，例如纽约的苏荷区等，由艺术家集聚区蜕变为纯粹消费型的商品化空间。此外，西岸的文化创意产业，与历史长久的八号桥、田子坊、虹口港等创意产业园区相比较，有何优势？是否会因为定位的雷同而削弱区域的竞争力？

此外，水岸空间是多方利益相关者集聚的空间，也是空间博弈复杂的场所。用历史发展的眼光，对于西岸城市更新模式的政策维度、资本维度、设计维度、地理维度和时间维度进行详尽的分析，同时也正视了西岸更新的困境。现阶段的西岸再开发依然存在很多不足，例如士绅化的现象的萌发以及交通不便等问题，依然值得我们继续反思。此外，还有功能分散，没有足够的集群密度，未形成强有力的吸引点，缺少重要的配套功能，特别是商业功能，如餐馆、酒吧、咖啡厅，区域公共交通可达性不足，对个体交通的过分依赖等问题。总的来说，西岸地区与城市原有中心区域联系不够密切，它本可以重新塑造成为一个新的中心区，而非如同偏离了轨道位置的现状。未来是否能增强与城市原有中心区的交通连接，对项目进行整合性多样性开发，仍有待观察。

从 20 世纪 80 年代开始，上海的城市更新内涵从单纯的以改善居住条件为主的物质性更新，向着重视城市历史风貌保存和以文化创意为主导的空间更新模式演进，并最终强调包容社会、经济和环境等多目标的综合性更新。历史城市的魅力与价值是任何相似之物都不可替代的，城市特色的维护和地方文化的延续、传承，是城市更新中必须认真考虑和关注的问题[301]。城市中心区的滨水开放空间作为重要的文化用地，需集开放性、历史性和地域性于一体。不可否认创意文化、艺术与节庆活动对于城市更新的积极作用，但是创意文化并不是城市文化的全部，城市的文化性并非全部体现在博物馆建造的数量与规模；同时艺术、节庆也并非社区发展唯一促进性力量，社区的发展需要更加全面而多样的参与性力量。

在城市更新的过程中，不能一味地模仿其他全球城市的发展范式，而是应该在基于自身历史、国家政策以及文化影响的前提下，创造脱颖而出的城市形象 [334]。在全球化（global）的背景下，创造出具有地域性（local）文化特征的城市更新模式。

第8章

结论与展望

CHAPTER

8

8.1 水岸再生与城市更新

作为令人憧憬的场所，城市水岸是自然生态系统和人工生态系统两种极其复杂的生态系统的交汇点。尽管许多水岸都有相似之处，但是每个区域都具有截然不同的历史。历经繁荣与衰败的循环交替，水岸已成为承载居民对美好生活向往的灵魂所在。

长远规划的核心思想是以全球化的连接为目的并提升区域价值，水岸不仅一直在全球货物流通方面是至关重要的，而且还传递和展现了思想观念、社会变革和文化现象的全球性流动，包括建筑和城市形态。其中，作为多方位网络的节点，港口对彼此间以及它们所属的城市和地区都有深远的影响。航运和贸易网络在相互联系的港口城市的街道模式、土地使用和建筑等方面都创造了价值。多重力量在发挥着作用：技术要求、精英阶层的偏好和工人阶级的需求、城市政策和全球化。

作为中间的介质，水岸再生的特征和原则映射了城市更新的阶段性特征，并反映出城市发展的趋势和价值取向。水岸再生作为城市空间的结构性要素，体现了与城市空间中心与边缘、标志与填充、连接与扩展三种关系；水岸再生作为城市空间的策略性要素，它与城市政治、经济、社会、生态、文化、价值等要素紧密相连 [335]。水岸应该展示独特的场所意识及身份认同。通过多模式的链接，将市中心和周围社区与水岸联系起来始终是塑造成功水岸城市的关键。强有力的政府领导、资金支持、公私合作模式、专门的设计团队与管理机构、社区参与，这些都是促进水岸地区再生的必要手段。

水岸再生可以作为更广泛的城市振兴策略的保证，作为区域物质空间设计的控制性手段，作为各方利益的平衡，作为公民公共权益的保障以及城市文化身份的表达。与滨水区经济发展同等重要的是打破水域和人工建成环境的界限，充分利用并保护自然资源，对于水岸的宜人体验而言至关重要。要确保水岸环境舒适宜人，保障公民的公共权益，提高人们的公共体验，应在水岸区开展一系列适宜的文化、商业、休闲、居住和娱乐活动。

通过水岸再生来刺激城市更新需要一个可以灵活实施的长期规划。滨水区阶段性战略建设能够防止对重要自然生态系统的侵蚀，或使侵蚀最小化，还能提升水资源质量，创造公共区域并减少噪声污染和视觉污染等。通过持续性工程建设和海平面上涨控制规划，可保护当地免受洪水和沉降的危害，免受气候变化带来的暴雨和洪涝灾害，这些都是需要纳入水岸总体规划的内容，并应鼓励使用生物工程方法解决常年的市政基础设施问题。将水岸定位成大城市的经济、环境及社会转型的催化剂，使城市变身成为可持续的有机体，例如像水资源这样的自然资源将会为整个生态系统作出贡献。

当然，我们生活在边缘。这不仅仅是自然环境和人造环境的物理边缘，也是时代的边缘。对荒废的水岸区域进行再生需要全世界的共同努力。各个部门和城市建筑师也需要在恢复城市活力方面扮演重要角色，这不仅仅指致力于建造近期流行的标志性的水岸建筑。获奖作品和装饰性美化建设诚然对于城市形象有所帮助，但是无法对宜居环境的可持续发展做出贡献。水岸规划的未来只有通过开发商、政府、利益相关者、城市与建筑设计师和大众一致努力才能实现。其中，城市设计师、城市研究者与建筑师一同起到了规范与引导的作用。

最后回到老生常谈的问题，为什么生活在水的边缘对于人类而言具有如此大的吸引力？为什么水岸再生在全世界都是共同关注的话题？这是因为每一个水岸都创造了一个独特的环境并向个体传达了一系列独特的价值。没有水岸，无论是标志性建筑还是无与伦比的尖端设计都无法实现。同时水岸代表着一个城市的文化，随着时间的变迁，水岸能够最为生动地将城市文化历史一层一层地展示出来。

8.2 上海城市水岸文化

约翰·弗里德曼（John Friedmann）在 2005 年对"中国城市转型"的概述反映了中国学者普遍不愿意提及的部分。他认为，中国不能完全适合任何现有的宏大理论的叙述，无论是现代化还是全球化、城市化或是国家一体化，因为中国不仅仅是另外一个国家，而是另外一个文明，是值得按照自己的条件被理解的文明[336]。而上海作为中国的第一大开埠城市，其城市发展的地域性和文化独特性，也应该被放在自身的语境下被理解。

纵观上海的城市更新历程，20 世纪 90 年代以地产为导向的城市更新在促进城市经济增长的同时，已经产生了明显的士绅化的现象。这种以牺牲居民的日常生活为代价的城市更新方式受到了社会各界的批判[81]，往往被认为缺少对于人力资源的开发、当地生产的潜在竞争力以及基础设施的投资的考虑[79]，并一再摧毁了城市社区的多样性和活力[80]，也产生了较严重的社会问题。上海在步入新世纪之后，也逐渐由以地产与经济增长为导向的城市更新转变为以文化为导向的城市更新，更加关注城市更新中文化在历史空间保存、工业遗产的保护与再利用、滨江地区的再开发以及居住社区的转型等方面所起到的作用。

伴随着城市功能从生产型步入消费型，城市社会由福特主义转型为后福特主义，文化成为消费社会中刺激经济增长和城市发展的重要动力之一。文化已成为新时期上海城市有机更新的基本要求和首要任务，同样在全球城市的功能布局中不可或缺。作为一个开埠城市，上海有自身独特的城市文化。上海独特的城市空间形态形成了具有特色的城市文化，反之，城市的文化也对其物质空间形成和演变起到了直接的作用。在城市更新的过程中，上海如何寻找自己的新身份，首先应该对自身的文化有一个清醒的认识，才能避免对于国际化文化模式的盲目复制，从而创造并延续自身的传统文化。文化精神的传承才是地域文脉在新的社会发展需求下不断延续和发展的根本。我们应该正确认识文化，正确认识文化在城市更新中的作用。

空间中的文化问题已经证明了在某些重要的历史时刻，文化的价值取向决定了人类发展的趋势。如果全球化的负面趋势之一是模糊分歧，那么任何"文化差异"的迹象都将成为一种珍贵的商品。因此，文化保护在全球时代具有新的含义。经济全球化意味着文化本身就是一种有价值的商品。重新将上海塑造成一个文化城市，这意味着（从某种重要的意义上）创造一系列可以销售的奇观；并令人回想起居伊·德波的经典表述，"奇观是资本积累到成为形象的体现"。

上海的奇观产生了一种可见的谵妄，消除了新旧之间的差异。黄浦江两岸，外滩的历史建筑物和浦东崭新的摩天楼并没有太多的对立面可以相互补充，因为"旧"和"新"都是在新的全球空间中重建上海这座文化之城的不同方式。在这样的空间中，文化和历史问题可以与政治和经济等利益相融合。正因为如此，全球时代的城市文化不能被视为纯粹的专家关注，也不能与其他城市和社会现象相孤立地看待[154]。

一座城市不仅仅是建筑的集成，它也是一种社会关系、一种理解世界的方式、一种语言，以及丰富的回忆和图像。上海当局在改变城市的建筑方面，正在试图控制后者，塑造城市的个性，使其向着"全球城市"的理想前进。那么，它正在朝着什么方向发展呢？对于上海的未来有怎样的愿景呢？城市是我们共同想象的产物吗？雷姆·库哈斯[239]曾指出曼哈顿是"疯狂的"、有机增长的，然而曼哈顿城市空间却呈现出一种有序的状态；对比之下，上海的城市增长是刻意的、有目的的、有计划的[337]，然而在某些方面又凌乱而无序。

本书探讨的上海城市水岸问题体现了上海正在被精心打造成为现代化的中国—全球城市的象征。也就是说它是一种经过管理的形象，对于城市而言，将水岸打造成此将产生清晰的效用。尤其在新时期城市更新的语境下，这一点显得更为突出。

黄浦江两岸的再开发过程中，一直都有西方文化的介入。如何对待西方文化与本地文化的冲突是本书讨论的一个重点问题。城市历史遗产的保护更新和积极建构本土文化身份被视为上海当代建筑实践积极应对全球化挑战的策略。当然不可避免的，上海也会模仿其他全球城市的水岸开发模式。有趣的是，当我们在向西方寻求水岸发展的经验的同时，西方国家也在看向我们，上海也是世界城市对其建设进行参考的一个重要范本。亚历克斯·克里格（Alex Krieger）在他的 *Reflections on the Boston Waterfront* 一文中就指出：上海的水岸空间是值得借鉴的开发典范；肯内特·弗兰普顿（Kenneth Frampton）教授也认为改造后的外滩比波士顿的水岸具有更多的公共可达性，是他更加欣赏的城市空间类型。城市应该有自己的文化自信，这是从对自身城市空间、城市历史发展的正确认识上得来的。上海的城市空间无疑是开放度很高的，然而在保持高开放度的同时，更应保持城市自身的文化特色。

上海水岸更新的过程体现了对于历史文化遗产保护的重视。一方面，保护是临时性的，与城市"消失"的焦虑相关；另一方面，保护是国家规划的，与城市作为文化之都的"再现"的期待相关[154]。最后一点关于"文化"的注释可能是最重要的，因为它是中国与全球问题挂钩的锚点。从陆家嘴到世博园再到西岸，我们不仅看到城市治理范式的转变以及企业型城市初见雏形，还看到上海水岸文化的传承和演绎：外滩地区的建筑文化体现了上海独特的城市历史以及一个世纪以来全球与本土文化的抗争与妥协；浦东地区开发的复杂性质不仅可以测试发展型国家理论在地方层面的应用，还可以探究城市管理和区域发展背景的复杂影响以及全球大都会文化是如何通过主动筛选并嫁接到上海的城市空间；作为全球事件的世博会，通过大型文化盛事打造新时期上海的品牌效应，以期实现"更好的生活"；西岸的水岸再生展现了新时期以文化引导的对于去工业化水岸地区的激活，并通过工业建筑与城市空间的再塑造、文化活动的举办等一系列措施来积极地实现水岸区域的转型。这些都是上海水岸文化特征的体现。

此外，从上海水岸发展的四类典型案例中可以看出，作为大型城市设计和建筑项目，水岸项目的概念设计阶段一直是通过邀请国外建筑师参加国际设计竞赛来进行的，这在某种程度上也可以被理解为一种异质文化的介入。尽管随着城市竞争力的增强，上海对于自身形象的塑造的话语权也在不断加强：从外滩滨水区对于文化的被动接受，到浦东开发和世博会的建设，城市有很大的自主权选择如何重新塑造自身的形象。在新时期城市更新的语境下，从徐汇滨江"西岸文化走廊"的塑造中，我们看到优秀的本土建筑师，通过对传统建筑、文化、材料等探索和演绎，为传承和创新开辟了道路，创造了新时期的城市文化特色。

8.3 "人民城市"及"一江一河"理念指导下的上海水岸文化建设

随着 20 世纪 90 年代城市更新的重点向滨水区转移，上海已经逐渐化解因历史原因被河流一分为二的城市格局问题——浦西和浦东将成为同等重要的城市中心展示面，黄浦江成为城市文化的载体，其再生的过程逐渐映射出这座城市的精神和灵魂。黄浦江水岸区域的特征如同上海的城市气质一样，"海纳百川，为我所用"。这种多元文化情形，传承了上海的海派文化传统，也更具当今新时期的特色。

黄浦江两岸成为上海城市形象的展示舞台以及城市营销绝佳地点。黄浦江两岸的再生符合新时期上海城市发展的政治决策正确性、经济导向性以及以人为本的社会性考量，符合新时期上海城市更新的价值取向[335]。2010 年上海世博会将上海城市的精神展现在全球公众的视野中，提升了上海在国际政治与经济版图中的地位。三次"上海城市空间艺术季"激发了上海城市的文化价值，赋予人民以新的身份及文化认同。2018 年水岸公共空间贯通的举动将黄浦江空间真正地还给城市，还给人民。

黄浦江水岸文化建设对于人民城市建设的重要推动作用。2019 年 11 月，习近平总书记在杨浦滨江公共空间杨树浦水厂滨江段进行视察时，提出"人民城市人民建，人民城市为人民"的城市发展理念，这与黄浦江新时期发展"还江于民"的发展目标相一致。将黄浦江面向上海市民打开，作为上海市民的共同资产，使其真正成为城市的文化、社会与生活的中心。因此，新时期的黄浦江两岸开发更应该更加关注人民的公共利益，关照不同阶层人群多样化的需求。尤其是在上海新时期"上海 2035"城市总体规划以及"一江一河"发展战略部署的影响下，"以人民为中心"水岸发展理念亟须得到深入挖掘。

法国马克思主义哲学家和社会学家亨利·列斐伏尔在 1968 年《接近城市的权利》著作中将接近城市的权利视为人民企图形塑自身认同的表现，认为缺乏公众的参与等于城市的死亡。"一江一河"是上海"人民城市"建设的一个缩影。在新时代人民城市建设的实践中，应该坚持以人民为中心，鼓励居民全面参与城市规划和管理，共享城市发展成果，注重社会公平和社区认同，不断完善共建共治共享的社会治理新格局。

首先，黄浦江两岸形成"以人民为中心"的水岸发展理念。黄浦江两岸区域发展应有重点区分，例如徐汇滨江、后世博园区、北外滩滨江区、杨浦滨江等不同片区应形成独特的创新发展定位，从黄浦江整体水岸发展中脱颖而出。突出黄浦江两岸市民的公共属性，满足多人群的生产、生活需求，打造高标准的人民城市实践区。其次，塑造以"人民为中心"理念为支撑的水岸空间。打造满足不同人群需求的产业区、市民友好社区、滨水公共空间等丰富的水岸空间。再次，创建多部门协同管理的、公众广泛参与的、具有标准化、精细化的现代化城市治理模式。就黄浦江两岸的开发建设管理主动问计于民、问需于民，充分汇聚人民的智慧和力量，使得城市的发展契合不同人群的需求，真正实现"人民城市人民建"。同时以社区为单位打造高水平的社会治理先行区，通过以社区和街道为单位进行共建、共治、共享的基层治理。

"人民城市"及"一江一河"的发展理念将为上海城市的水岸提供新的解决思路。

参考文献 REFRERENCES

[1] BIANCHINI F, PARKINSON M. Cultural Policy and Urban Regeneration: The West European Experience[M]. Manchester:Manchester University Press,1993.

[2] 董玛力，陈田，王丽艳．西方城市更新发展历程和政策演变 [J]. 人文地理，2009，24（05）：42-46. ·

[3] TOSICS I. Dilemmas of Integrated Area-Based Urban Renewal Programs[N/OL]. Paris:URBACT.(2009-10)[2021-09]. https://urbact.eu/sites/default/files/the_tribune_2009.pdf.

[4] BALLON H. Robert Moses and urban renewal: the title 1 program[M]//BALLON H, JACKSON K T. Robert Moses and the modern city:the transformation of New York [M]. New York:W. W. Norton & Co. ,2007.

[5] MILLER J M. Part One: Background and Conclusions[M]//MILLER J M. New Life For Cities Around The World: International Handbook On Urban Renewal. New York:Books International, 1959: 6-14.

[6] PRIEMUS H. Urban renewal policy in a European perspective:an international comparative analysis[M]. Delft: Delft University Press, 1992.

[7] JACOBS J. The death and life of great American cities[M]. New York: Vintage Books,1992.

[8] CLARK J S. The Future Of The American City:What Urban Renewal is All About [C]. Federal Bar Journal, 1961,21(03):276-281

[9] NESBITT G B. Urban Renewal in Perspective[J]. The Phylon Quarterly, 1958, 19(1): 64-68.

[10] 李建波，张京祥．中西方城市更新演化比较研究 [J]. 城市问题，2003(05): 68-71, 49.

[11] VAN DIJK H. Twentieth-century Architecture in the Netherlands[M]. Rotterdam: nai010 Publishers, 1999.

[12] AUTHORITY U S H. Harlem River houses[M]. U.S. Government Printing Office, 1937.

[13] CARMON N. Neighborhood Regeneration: The State of the Art[J]. Journal of Planning Education and Research, 1997, 17(2): 131-144.

[14] LYON D, NEWMAN, L.H. The Neighborhood Improvement Program 1973 - 1983: A Review of an Intergovernmental Initiative[R]. Manitoba:Institute of Urban Studies,University of Winnipeg, 1986.

[15] TRICART J-P. Evaluation of neighbourhood social development policy[M]// Alterman R, Cars G. Neighborhood Regeneration: An international evaluation. London: Mansell. 1991: 189-196.

[16] SASSEN S. The Mobility of Labor and Capital: A Study in International Investment and Labor Flow[M]. Cambridge :Cambridge University Press, 1990.

[17] 易晓峰 . "企业化管治"的殊途同归 : 中国与英国城市更新中政府作用比较 [J]. 规划师，2013， (05): 86-90.

[18] BERENS C. Redeveloping industrial sites : a guide for architects, planners and developers[M]. Hoboken, New Jersey: John Wiley & Sons,2011.

[19] FURBEY R. Urban 'regeneration' : reflections on a metaphor[J]. Critical Social Policy, 1999, 19(4): 419-445.

[20] SMITH A. Events and Urban Regeneration : The Strategic Use of Events to Revitalise Cities[M]. London: Routledge, 2012.

[21] MILLER J M. Part One: Background and Conclusions[M]//MILLER J M. New Life for Cities Around the World: International Handbook on Urban Renewal[M]. New York:Books International, 1959.

[22] PRIEMUS H. The path to successful urban renewal: Current policy debates in the Netherlands[J]. Journal of Housing and the Built Environment, 2004, 19(2): 199-209.

[23] KENNEDY J F. http://www.presidency.ucsb.edu/ws/?pid=8529, 1961.

[24] KEITH N S. Rebuilding American Cities: The Challenge of Urban Redevelopment[J]. The American Scholar, 1954, 23(3): 341-352.

[25] FURMAN J P. Urban Redevelopment[J]. The Yale Law Journal, 1944, 54(1): 116-140.

[26] LILLIBRIDGE R M. Urban Redevelopment and Industry[J]. Land Economics, 1952, 28(1): 68-72.

[27] BORSAY P. The Emergence of a Leisure Town: Or an Urban Renaissance?[J]. Past & Present, 1990, 02(126): 189-196.

[28] KATE S, LIBBY P. Whose Urban Renaissance?[M]. London: Routledge. 2008.

[29] VERMEIJDEN BEN. Dutch urban renewal, transformation of the policy discourse 1960-2000[J]. Journal of Housing and the Built Environment, 2001, 16(2): 203-232.

[30] WILSON D. Urban Revitalization on the Upper West Side of Manhattan: An Urban Managerialist Assessment[J]. Economic Geography, 1987, 63(1): 35-47.

[31] ROBERTS P, ROBERTS P W, SYKES H. Urban Regeneration: A Handbook[M]. California: SAGE Publications, 2000.

[32] COUCH C, FRASER C, PERCY S. Urban Regeneration in Europe[M]. Hoboken, New Jersey: Wiley, 2003.

[33] PETER J, PETER G. A review of the BURA awards for best practice in urban regeneration[J]. Property Management, 2000, 18(4): 218-229.

[34] STOUTEN P L M. Changing Contexts in Urban Regeneration: 30 Years of Modernisation in Rotterdam[M]. Amsterdam:Techne Press, 2010.

[35] TEIXEIRA J M P. Urban Renaissance: The Role Of Urban Regeneration In Europe's Urban Development Future[J]. Serbian Architectural Journal, 2010(02): 97-114.

[36] OBENG-ODOOM F. Regeneration For Some? Degeneration for Others[M]//MICHAEL E. LEARY J M. The Routledge Companion to Urban Regeneration. London: Routledge, 2014: 189.

[37] VENINGA C E. Understanding Urban Policy: A Critical Approach[J]. Journal of the American Planning Association, 2008, 74(1): 138.

[38] KNIGHTS C. Urban Regeneration: A Theological Perspective from the West End of Newcastle-upon-Tyne[J]. The Expository Times, 2008, 119(5): 217-225.

[39] LEARY M E J M. Introduction: Urban regeneration, a global phenomenon[M]//Leary M E, McCarthy J.The Routledge companion to urban regeneration. Oxon & New York: Routledge. 2013: 1-14.

[40] MINISTER T O O T D P. Assessing the impacts of spatial interventions. Regeneration, renewal and regional development. The 3Rs guidance[M]. London:The Office of the Deputy Prime Minister,2004.

[41] FRASER C. Change in the European Industrial City[M]//COUCH C, FRASER C, PERCY S. Urban Regeneration in Europe. Hoboken, New Jersey: Wiley, 2003.

[42] ROULT R, LEFEBVRE S. Stadiums, public spaces and mega-events: cultural and sports facilities as catalysts for urban regeneration and development[M]//Leary M E, McCarthy J.The Routledge companion to urban regeneration. Oxon & New York: Routledge. 2013.

[43] SACCO P, BLESSI G T. The Social Viability of Culture-led Urban Transformation Processes: Evidence from the Bicocca District, Milan[J]. Urban Studies, 2009, 46(5-6): 1115-1135.

[44] APPRAISERS AIORE. Remodeling, Modernization, and Rehabilitation Estimates[M]//APPRAISERS AIORE. The Appraisal of Real Estate, Chicago: Appraisal Institute 1951: 249-263.

[45] HEMDAHL R. Urban Renewal[M]. Maryland:Scarecrow Press, 1959.

[46] 董鉴泓 . 第一个五年计划中关于城市建设工作的若干问题 [J]. 建筑学报，1955(03): 1-12.

[47] 吴炳怀 . 我国城市更新理论与实践的回顾分析及发展建议 [J]. 城市研究，1999(05): 46-48.

[48] 翟斌庆，伍美琴 . 城市更新理念与中国城市现实 [J]. 城市规划学刊，2009(02): 75-82.

[49] YE L. Urban regeneration in China: Policy, development, and issues[J]. Local Economy, 2011, 26(5): 337-347.

[50] 伍江 . 城市有机更新 [R]. 上海 : 中国城市交通规划年会，2017.

[51] ROBERTS P, SYKES H. Urban regeneration : a handbook[M]. London: SAGE, 2008.

[52] 程大林，张京祥 . 城市更新 : 超越物质规划的行动与思考 [J]. 城市规划，2004，(02): 70-73.

[53] 于立，张康生 . 以文化为导向的英国城市复兴策略 [J]. 国际城市规划，2007，(04): 17-20.

[54] PADDISON R, MILES S. Culture-led Urban Regeneration[M]. London: Routledge, 2009.

[55] 廖志强，刘晟，奚东帆 . 上海建设国际文化大都市的"文化 +"战略规划研究 [J]. 城市规划学刊，2017 (s1): 94-100.

[56] 张更立 . 走向三方合作的伙伴关系 : 西方城市更新政策的演变及其对中国的启示 [J]. 城市发展研究，2004(04): 26-32.

[57] STONE C N. Regime politics : governing Atlanta, 1946-1988[M]. Lawrence, Kansas : University Press of Kansas, 1989.

[58] ROSSI U, VANOLO A. Regeneraiton What? The politics and geographies of actually exisiting regenraion[M]//Leary M E, McCarthy J.The Routledge companion to urban regeneration. Oxon&New York: Routledge. 2013.

[59] 管娟，郭玖玖 . 上海中心城区城市更新机制演进研究 : 以新天地、8 号桥和田子坊为例 [J]. 上海城市规划，2011(04): 53-59.

[60] 陈萍萍 . 上海城市功能提升与城市更新 [D]. 上海：华东师范大学，2006.

[61] DESIGN T F F U. Shanghai : explosive growth[M]. New York :The Century Association, 2006.

[62] SHA Y, WU J, JI Y, et al. Shanghai Urbanism at the Medium Scale[M]. Berlin&Heidelberg; Springer，2014.

[63] CHEN Y. Shanghai Pudong : urban development in an era of global-local interaction[M]. Netherlands：IOS Press, 2007.

[64] HE S, WU F. Property-Led Redevelopment in Post-Reform China: A Case Study of Xintiandi Redevelopment Project in Shanghai[J]. Journal of Urban Affairs, 2005, 27(1): 1-23.

[65] YANG Y-R, CHANG C-H. An Urban Regeneration Regime in China: A Case Study of Urban Redevelopment in Shanghai's Taipingqiao Area[J]. Urban Studies, 2007, 44(9): 1809-1826.

[66] LOGAN W S. The disappearing "Asian" city : protecting Asia's urban heritage in a globalizing world[M]. Oxford: Oxford University Press. 2002.

[67] 张松 . 上海的历史风貌保护与城市形象塑造 [J]. 上海城市规划，2011(04): 44-52.

[68] 伍江，王林 . 历史文化风貌区保护规划编制与管理 [M]. 上海：同济大学出版社，2007.

[69] 伍江，王林 . 上海城市历史文化遗产保护制度概述 [J]. 时代建筑，2006(02): 24-27.

[70] 伍江 . 上海产业建筑的保护和再利用与现代创意产业 [J]. 规划师，2008(01): 12-14.

[71] WANG J. The rhetoric and reality of culture-led urban regeneration : a comparison of Beijing and Shanghai, China[M]. New York : Nova Science Publishers, 2011.

[72] 王林 . 有机生长的城市更新与风貌保护：上海实践与创新思维 [J]. 世界建筑，2016(04): 18-23.

[73] TIESDELL S, Heath T, Oc T. Revitalizing historic urban quarters[M]. London: Routledge, 1996.

[74] 伍江 . 保留历史记忆的城市更新 [J]. 上海城市规划，2015(05): 2.

[75] 匡晓明. 上海城市更新面临的难点与对策 [J]. 科学发展，2017(03): 32-39.

[76] 丁凡，伍江. 全球化背景下后工业城市水岸复兴机制研究: 以上海黄浦江西岸为例 [J]. 现代城市研究，2018(01): 25-34.

[77] HARVEY D. From Managerialism to Entrepreneurialism: The Transformation in Urban Governance in Late Capitalism[J]. Geografiska Annaler : Series B, Human Geography, 1989, 71(1): 3-17.

[78] 丁凡，伍江. 城市更新相关概念的演进及在当今的现实意义 [J]. 城市规划学刊，2017(06): 87-95.

[79] TUROK I. Property-Led Urban Regeneration: Panacea or Placebo?[J]. Environ Plan A, 1992, 24(3): 361-379.

[80] JACOBS J. The Death and Life of Great American Cities[M]. NewYork: Vintage Books, 1992.

[81] HE S, WU F. Socio-spatial impacts of property-led redevelopment on China's urban neighbourhoods[J]. Cities, 2007, 24(3): 194-208.

[82] 王婷婷，张京祥. 文化导向的城市复兴 : 一个批判性的视角 [J]. 城市发展研究，2009，16(06): 113-118.

[83] YUEN B. Urban regenration in Asia-Mega-projects and heritage conservation[M]//Leary M E, McCarthy J.The Routledge companion to urban regeneration. Oxon&New York: Routledge. 2013.

[84] SMITH M K. Tourism, culture and regeneration[M] Wallingford: CABI Pub, 2007.

[85] ZHONG S. The neo-liberal turn 'culture'-led urban regenration in shanghai[M]//Leary M E, McCarthy J. The Routledge companion to urban regeneration. Oxon&New York: Routledge. 2013.

[86] BOURDIEU P. The field of cultural production : essays on art and literature[M] Cambridge : Polity Press, 1993.

[87] ZUKIN S. Loft living : culture and capital in urban change[M]. Baltimore :Johns Hopkins University Press, 1982.

[88] ZUKIN S. The cultures of cities[M]. Cambridge: Blackwell, 1995.

[89] HARVEY D. The urban experience[M] Baltimore : Johns Hopkins University Press, 1989.

[90] HANNIGAN J. Fantasy city : pleasure and profit in the postmodern metropolis[M]. London : Routledge, 1998.

[91] LEFEBVRE H. Writings on cities[M] Cambridge : Blackwell, 1996: 148.

[92] ZENNARO G. Between global models and local resources: Building private art museums in Shanghai's West Bund[J]. Journal of contemporary Chinese art (Great Britain), 2017, 4(1): 61-81.

[93] 伍江. 艺术人文视角下的公共空间与历史文化背景下的城市更新 2015 上海城市空间艺术季策展感言 [J]. 时代建筑，2015(06): 56-59.

[94] 上海市黄浦江两岸开发工作领导小组办公室 . 重塑浦江：世界级滨水区开发规划实践 [M]. 北京：中国建筑工业出版社，2010.

[95] MARSHALL R. Waterfronts in post-industrial cities[M] London: Spon Press, 2001.

[96] WHITE L, CHENG L. Government and Politics[M]//HOOK B. Shanghai and the Yangtze Delta: A City Reborn. Oxford：Oxford University Press, 1998.

[97] GANDELSONAS M. Shanghai Reflection[M]//ABBAS M A, BOYER M C. Shanghai reflections : architecture, urbanism, and the search for an alternative modernity [M]. New York: Princeton Architectural Press, 2002.

[98] MARSHALL R. Remaking the image of the city Bilbao and Shanghai[M]//MARSHALL R. Waterfronts in post-industrial cities, London: Spon Press, 2001.

[99] 伍江 . 上海百年建筑史 [M]. 上海：同济大学出版社，2008.

[100] 张松 . 城市滨水港区复兴的设计策略探讨：以上海浦江两岸开发为例 [J]. 城市建筑，2010(02): 30-32.

[101] ORCHARD J E. Shanghai[M]. New York: American Geographical Society, 1936.

[102] DENISON E ,REN G Y. Building Shanghai : the story of China's gateway[M]. Chichester : Wiley-Academy, 2006.

[103] 戴丽亚·索特维亚，侣天畅，王芳，等 . 全球城市，全球河流：河流与城市历史关系变化及全球城市滨水区城市发展新职能 [J]. 城市建筑，2017(22): 18-25.

[104] 上海社会科学院课题组 . 关于提升上海城市文化内涵的研究报告 [R]. 上海：上海社会科学院，2016.

[105] 陈伯海，毛时安，陈超南 . 上海文化通史 [M]. 上海：上海文艺出版社，2001.

[106] 李欧梵 . 上海摩登：一种新都市文化在中国 1930—1945[M]. 上海：上海三联书店，2008.

[107] PAN L. Shanghai style : art and design between the wars[M]. San Francisco: Long River Press, 2008.

[108] 白吉尔 . 上海史：走向现代之路 [M]. 上海：上海社会科学院出版社，2014.

[109] GREESNPAN A. Shanghai Future: Modernity Remade[M]. Oxford: Oxford University Press, 2014.

[110] 罗兹·墨菲 . 上海：现代中国的钥匙 [M]. 上海：上海人民出版社，1986.

[111] LANNING G. The history of Shanghai[M] Shanghai：Kelly & Walsh, 1921.

[112] GAMBLE J. Shanghai in transition : changing perspectives and social contours of a Chinese metropolis[M]. London: RoutledgeCurzon, 2002.

[113] 张目 . 1843 年以来黄浦江滨水空间变迁与产业发展机制的关系：基于城市滨水空间的双重组织机制研究 [J]. 城市规划学刊，2012(05): 11-20.

[114] HENRIOT C, ZHENG Z A. Atlas de Shanghai : Espaces et représentations de 1849 à nos jours[M]. Paris: Paris CNRS Editions, 1999.

[115] China Whangpoo Conservancy Board. The Port of Shanghai[M]. Shanghai:Oriental Press, 1932.

[116] 伍江. 2010 世博会推动上海城市的规划和建设 [J]. 时代建筑，2009(04): 20-23.

[117] 陈海汶. 上海老工业 [M]. 上海：上海人民美术出版社，2010.

[118] BUGATTI A. Expo 2010 Shanghai : landscape renewal[M] Milano : Libreria CLUP, 2006.

[119] 孙平. 上海城市规划志 [M]. 上海：上海社会科学院出版社，1999.

[120] 熊月之. 上海通史 [M]. 上海：上海人民出版社，1999.

[121] 叶贵勋. 循迹·启新：上海城市规划演进 [M]. 上海：同济大学出版社，2007.

[122] HOYLE B S. The Port-City interface: Trends, problems and examples[J]. Geoforum, 1989, 20(4): 429-435.

[123] BIRD J H. Seaports and seaport terminals[M]. London : Hutchinson, 1971.

[124] CHEN Y. Shanghai, a Port-City in Search of New Identity: Transformation in the Bund between City and Port[M]//CARMONA M. Globalization and city ports : the response of city ports in the Southern Hemisphere, Delft : DUP Science, 2003.

[125] RAFFERTY L, HOLST L. An Introduction to Urban Waterfront Development[M]. Washington, D.C. : Urban Land Institute, 2004.

[126] MARSHALL R. Shanghai's waterfront: Presenting a New Face to the World[M]//ROWE P G, KUAN S. Shanghai: Architecture and Urbanism for Modern China, Munich: Prestel, 2004.

[127] SOM S F. Shanghai Waterfront Redevelopment Plan- A vision for the Transformation of the Huangpu River[J]. Jianzhu: Dialogue, 1999(23):68-73.

[128] ROWE P G. Emergent Architectural Territories in East Asian Cities[M]. Basel : De Gruyter, 2011.

[129] 丁凡，伍江. 上海黄浦江水岸发展的近现代历程及特征分析 [J]. 住宅科技，2020,40（01）:1-9.

[130] GIL I. Shanghai transforming : the changing physical, economic, social and environmental conditions of a global metropolis[M]. Barcelona: Actar，2008.

[131] 上海市人民政府.《黄浦江两岸地区发展"十三五"规划》解读说明 [EB/OL]. 2016-12-27.http://www.shanghai.gov.cn/nw2/nw2314/nw2319/nw41893/nw42236/u21aw1211970.html.

[132] SASSEN S. Disaggregating the global economy: shanghai[M]//GIL I. Shanghai transforming : the changing physical, economic, social and environmental conditions of a global metropolis. Barcelona : Actar，2008.

[133] 徐毅松. 浦江十年：黄浦江两岸地区城市设计集锦 [M]. 上海：上海教育出版社，2012.

[134] 丁凡,伍江. 全球化背景下后工业都市水岸复兴机制研究: 以上海黄浦江西岸为例[J]. 现代城市研究，2018(01): 25-34.

[135] 伍江. 专家诤言 [M]// 上海市黄浦江两岸开发工作领导小组办公室. 重塑浦江：世界级滨水区开发规

划实践 . 北京：中国建筑工业出版社，2010.

[136] 陆邵明 . "物—场—事"：城市更新中码头遗产的保护再生框架研究 [J]. 规划师，2010(09):
109-114.

[137] 薛理勇 . 闲话上海 [M]. 上海：上海书店出版社，1996.

[138] 李天纲 . 人文上海：市民的空间 [M]. 上海：上海教育出版社，2004.

[139] 李继军，于一凡 . 黄浦江滨水区产业遗存再利用的文化策略 [J]. 城市建筑，2012(03): 34-36.

[140] COSTA J. The new waterfront: segregated space or urban integration? Levels of urban
integration and factors of integration in some operations of renewal of harbour areas[J].
On the w@terfront, 2002, 3(1): 27-64.

[141] 钱宗灏 . 上海外滩：东亚最负盛名的国际公共空间 [J]. 同济大学学报（社会科学版），2006 (01):
34-39.

[142] 罗苏文 . 外滩：近代上海的眼睛 [J]. 档案与史学，2002(04): 32-38.

[143] YU C. Regenerating Urban Waterfronts in China: The Rebirth of the Shanghai Bund[M]//
SEPE M, Heleni P. Waterfronts revisited : European ports in a historic and global perspective.
New York : Routledge, 2017.

[144] 常青 . 大都会从这里开始：上海南京路外滩段研究 [M]. 上海：同济大学出版社，2005.

[145] 张鹏 . 近代上海外滩空间变迁之动因分析 [J]. 东南大学学报（自然科学版），2005(S1): 252-256.

[146] 范洁 . 外滩"万国建筑"20 年修缮纪事 [N]. 新民晚报，2014-01-05.

[147] KEEGAN E. Chan Krieger Sieniewicz to Redesign Shanghai Riverfront[J]. The architect,
2008, 97(3): 25.

[148] CHEN Y. Shanghai, a Port-City in Search of a New Identity: Transformations in the bond
between city and port[M]//CARMONA M. Globalization and city ports : the response of city
ports in the Northern Hemisphere. Delft : DUP Science, 2003.

[149] JEREMY E T. The Bund: Littoral Space of Empire in the Treaty Ports of East Asia[J].
Social History, 2002, 27(2): 125-142.

[150] BICKERS R. Shanghailanders: The Formation and Identity of the British Settler Community
in Shanghai 1843-1937[J]. Past & Present, 1998(159): 161-211.

[151] 晏扬 . 外滩建筑群是什么样的文化遗产？ [N]. 中国青年报，2003-07-02.

[152] 金言，杜永镇 . 旧中国上海"公共租界"界碑、道契和外滩公园入园规则：美、英帝国主义的侵华
罪证 [J]. 文物，1965(4): 51-55.

[153] LOGAN J, FAINSTEIN S S. Introduction: Urban China in Comparative Perspective[M]//
LOGAN J. Urban China in Transition. Hoboken, New Jersey: Wiley, 2011.

[154] ABBAS A. Play it Again Shanghai: Urban Preservation in the Global Era[M]//ABBAS M A,
BOYER M C. Shanghai reflections : architecture, urbanism, and the search for an alternative

modernity . New York: Princeton Architectural Press, 2002.

[155] ICOMOS. The Venice Charter[R]. Paris:ICOMOS, 1964.

[156] ICOMOS. The Declaration of Amsterdam[R]. Paris:ICOMOS, 1975.

[157] SMITH H, FERRARI M S G. Waterfront Regeneration : experiences in city-building[M]. Abingdon: Earthscan, 2012.

[158] SHAW B. History at the water's edge[M]//MARSHALL R. Waterfronts in post-industrial cities. London: Spon Press, 2001.

[159] HERITAGE E, FRASER L. The Heritage Dividend: Measuring the Results of English Heritage Regeneration 1994—1999[M]. Swindon&London: English Heritage, 1999.

[160] RYPKEMA D D. The Economic Power of Restoration[R]. Washington, DC : Restoration & Renovation Conference, 2001.

[161] ROBERTSON K A. Can Small-City Downtowns Remain Viable?[J]. Journal of the American Planning Association, 1999, 65(3): 270-283.

[162] KOTVAL Z, MULLIN J R. waterfront Waterfront Planning as a Strategic Incentive to Downtown Enhancement and Livability[M]//BURAYIDI M A. Downtowns : revitalizing the centers of small urban communities. New York: Routledge, 2001.

[163] SUDJIC D. The 100 mile city[M]. Oregon: Harvest House Publishers, 1993.

[164] SOJA E W. Postmetropolis : critical studies of cities and regions[M]. Malden, MA: Blackwell Publishers, 2000.

[165] 史蒂文·蒂耶斯德尔, 蒂姆·希思, 塔内尔·厄奇. 城市历史街区的复兴 [M]. 北京: 中国建筑工业出版社, 2006.

[166] HARVEY D. The Marxian Theory of the State[J]. Antipode, 1985, 17(2-3): 174-181.

[167] MURTAGH W J. Janus never sleeps[M]//LEE A J. Past Meets Future: Saving America's Historic Environments. New Jersey : Wiley, 1992.

[168] 史蒂文·蒂耶斯德尔, 蒂姆·希思, 塔内尔·厄奇. 城市历史街区的复兴 [M]. 北京: 中国建筑工业出版社, 2006.

[169] HOYLE B S, PINDER D, HUSAIN M S. Revitalising the waterfront : international dimensions of dockland redevelopment[M]. London: Belhaven Press, 1988.

[170] TUNBRIDGE J. Policy converngence on the waterfront? A comparative assessment of North Ameircan revitalisation strategies[M]//HOYLE B S, PINDER D, HUSAIN M S. Revitalising the waterfront : international dimensions of dockland redevelopment. London: Belhaven Press, 1988.

[171] ASHWORTH G J, TUNBRIDGE J E. The tourist-historic city[M]. London: Belhaven Press, 1990.

[172] CARTA M, RONSIVALLE D. The Fluid City Paradigm: Waterfront Regeneration as an Urban Renewal Strategy[M] Berlin&Heidelberg: Springer, 2016.

[173] COOK I. Waterfront regeneration, gentrification and the entrepreneurial state: the redevelopment of Gunwharf Quays, Portsmouth[D]. Manchester: School of Geography, University of Manchester, 2004.

[174] MCCARTHY J. Tourism - related waterfront development in historic cities: Malta's Cottonera Project[J]. International Planning Studies, 2004, 9(1): 43-64.

[175] CRAIG-SMITH S J. The Role of Tourism in Inner-Harbor Redevelopment A multination Perspective[M]//CRAIG-SMITH S J, FAGENCE M. Recreation and Tourism as a Catalyst for Urban Waterfront Redevelopment: An International Survey . California : Praeger, 1995.

[176] HUGHES G. Tourism and the semiological realization of space[M]//RINGER G D. Destinations: cultural landscapes of tourism. London: Routledge, 1998.

[177] WALSH K. The representation of the past : museums and heritage in the postmodern world[M]. London: Routledge, 1992.

[178] SMITH M K. Towards a Cultural Planning Approach to Regeneration[M]//SMITH M K. Tourism, Culture and Regeneration . Wallingford, UK: CABI, 2007.

[179] RITZER G. The globalization of nothing[M]. Thousand Oaks, Calif: Pine Forge Press, 2004.

[180] ROJEK C. Ways of escape : modern transformations in leisure and travel[M]. Houndmills, Basingstoke: Macmillan, 1993.

[181] WANG H, XIAOKAITI M, ZHOU Y, et al. Mega-events and City Branding: A Case Study of Shanghai World Expo 2010[J]. Journal of US-China public administration, 2012, 9(11): 1283-1293.

[182] 丁季华 . 上海外滩旅游资源问题研究 [M]. 上海：上海古籍出版社，1992.

[183] 布里曼 . 迪斯尼风暴：商业的迪斯尼化 [M]. 北京：中信出版社，2006.

[184] SHORT J R. The humane city : cities as if people matter[M]. Oxford: Basil Blackwell, 1989.

[185] MIDDLETON M. Man made the town[M]. London: Bodley Head, 1987.

[186] 刘易斯·芒福德 . 城市文化 [M]. 北京：中国建筑工业出版社，2009.

[187] 荆锐，陈江龙，袁丰 . 上海浦东新区空间生产过程与机理 [J]. 中国科学院大学学报，2016(06): 783-791.

[188] 中国经济研究咨询有限公司 . 上海浦东报告 [R]. 北京：中国经济研究咨询有限公司，1991.

[189] 沈忠海 . 上海东西：浦江两岸城市空间 [M]. 上海：上海三联书店，2006.

[190] CHEN Y. Shanghai Pudong : urban development in an era of global-local interaction[M]. Netherlands: IOS Press, 2007.

[191] MARSHALL R. The Focal Point of China-Lujiazui, Shanghai[M]//MARSHALL R. Emerging

urbanity : global urban projects in the Asia Pacific Rim. London: Spon Press, 2003.

[192] MCLEMORE A. Shanghai's Pudong: a case study in strategic planning[J]. Plan Canada, 1995(01): 28-32.

[193] OLDS K. Globalizing Shanghai: the 'Global Intelligence Corps' and the building of Pudong[J]. Cities, 1997, 14(2): 109-123.

[194] OLDS K. Globalization and urban change : capital, culture, and Pacific Rim megaprojects[M]. Oxford: Oxford University Press, 2001.

[195] CASTELLS M. The rise of the network society[M]. 2nd ed. Oxford: Blackwell Publishers, 1996.

[196] ROGERS R. Cities for a small planet[M]. London: Faber and Faber, 1997.

[197] KOOIJMAN D, WIGMANS G. Managing the city Flows and places at Rotterdam Central Station[J]. City, 2003, 7(3):301-326.

[198] ROBERTSON R. Globalization Theory and Civilization Analysis[M]//ROBERTSON R. Globalization : social theory and global culture. London: Sage, 1992.

[199] ROGERS R. A Modern View, or a View on the Modern?—A Conversation with Richard Rogers[M]//BOUMAN O, TOORN R V. The Invisible in architecture. Academy Ed. London : Ernst and Sohn, 1994.

[200] 上海市政府. 浦江两岸公共空间贯通开放概念方案展开展：上海要打造顶级滨水区 [N/OL].http://www.shanghai.gov.cn/nw2/nw2314/nw2315/nw17239/nw22560/u21aw1168350.html. 2016.

[201] BORJA J, BELIL M, CASTELLS M, et al. Local and Global: The Management of Cities in the Information Age[M]. London: Earthscan Publications, 1997.

[202] HOOK B. Shanghai and the Yangtze Delta: A City Reborn[M]. Oxford: Oxford University Press, 1998.

[203] MARTON A M. China's Spatial Economic Development: Regional Transformation in the Lower Yangzi Delta[M]. Abingdon: Taylor & Francis, 2013.

[204] COMMON R. The East Asia region: do public-private partnerships make sense? [M]// OSBORNE S P. Public-private partnerships : theory and practice in international perspective. London: Routledge, 2000.

[205] WETTENHALL R. The Rhetoric and Reality of Public-Private Partnerships[J]. Public Organization Review, 2003, 3(1): 77-107.

[206] XIA M. The Dual Developmental State: Development Strategy and Institutional Arrangements for China's Transition: Development Strategy and Institutional Arrangements for China's Transition[M]. Abingdon: Taylor & Francis, 2017.

[207] KUEH Y Y. Foreign Investment and Economic Change in China[J]. The China Quarterly,

1992(131): 637-690.

[208] LI F, LI J. Foreign Investment in China[M]. Houndmills, Basingstoke: Macmillan, 1999.

[209] DASGUPTA D, BANK W. China 2020: China Engaged-Integration with the Global Economy[M]. Washington, D.C: World Bank, 1997.

[210] UNCTAD. United Nations Conference on Trade and Development[R]. Geneva: UNCTAD, 1994.

[211] YABUKI S. China's New Political Economy: The Giant Awakes[M]. translated by Stephen M. Harner Boulder: Westview Press, 1995.

[212] SUN H. Foreign investment and economic development in China: 1979—1996[M]. Farnham: Ashgate, 1998.

[213] POTTER P B. Foreign Investment Law in the People's Republic of China: Dilemmas of State Control[J]. The China Quarterly, 1995(141): 155-185.

[214] WIGMANS G. Contingent governance and the enabling city[J]. City, 2001, 5(2): 203-223.

[215] CASTELLS M. The Informational City: Economic Restructuring and Urban Development[M]. Hoboken, New Jersey: Wiley, 1992.

[216] RIMMER P. The global intelligence crops and world cities: engineering consultancies on the move[M]//DANIELS P W. Services and metropolitan development:international perspectives. London: Routledge, 1991.

[217] JONES G W. Urbanization Issues in the Asian - Pacific Region[J]. Asian-Pacific Economic Literature, 1991, 5(2): 5-33.

[218] PRYKE M. city rythms: neo-liberalism and the developing world[M]//ALLEN J, MASSEY D, PRYKE M. Unsettling Cities: Movement/Settlement. Abingdon: Taylor & Francis. 2005.

[219] DOUGLASS M. World city information on the Aisa Pacic Rim: Poverty, "everyday" forms of civil society and environmental management[M]//DOUGLASS M, FRIEDMANN J. Cities for citizens: planning and the rise of civil society in a global age. London: John Wiley, 1998.

[220] ALLEN J, MASSEY D, PRYKE M. Unsettling Cities: Movement/Settlement[M].e-ed. Abindon: Taylor & Francis, 2005.

[221] HALL P. Towards a general urban theory[M]//BROTCHIE J F. Cities in Competition: Productive and Sustainable Cities for the 21st Century. Queensland : Longman Australia. 1995.

[222] SASSEN S. The Global City: New York, London, Tokyo[M]. Princeton, NJ: Princeton University Press, 1991.

[223] FORD L R. Midtowns, Megastructures, and World Cities[J]. Geographical Review, 1998, 88(4): 528-547.

[224] MULLINS P. Tourism Urbanization[J].International Journal of Urban and Regional Research, 2009,15(03):326-342.

[225] MARCUSE P. The Enclave, the Citadel, and the Ghetto: What has Changed in the Post-Fordist U.S. City[J]. Urban Affairs Review, 1997, 33(2): 228-264.

[226] HARVEY D. Consciousness and the Urban Experience: Studies in the History and Theory of Capitalist Urbanization[M]. Baltimore: Johns Hopkins University Press, 1985.

[227] LEY D. Styles of the times: liberal and neo-conservative landscapes in inner Vancouver, 1968 - 1986[J]. Journal of Historical Geography, 1987, 13(1): 40-56.

[228] MERRIFIELD A. The Struggle over Place: Redeveloping American Can in Southeast Baltimore[J]. Transactions of the Institute of British Geographers, 1993, 18(1): 102-121.

[229] CRILLEY D. Megastructures and urban change: aesthetics, ideology and design[M]// TIESDELL S, CARMONA M. Urban Design Reader. London : Routledge, 2006.

[230] CRILLEY D. Architecture as Advertising: Constructing the Image of Redevelopment[M]// KEARNS G, PHILO C. Selling places : the city as cultural capital, past and present. Oxford : Pergamon Press, 1993.

[231] FAINSTEIN S S. The city builders : property development in New York and London, 1980-2000[M]. Lawrence : University Press of Kansas, 2001.

[232] ZUKIN S. The city as a landscape of power: London and New York as global financial capitals[M]//BRENNER N, KEIL R. The Global Cities Reader. London: Routledge, 2006.

[233] ZUKIN S. Postmodern Urban Landscapes: Mapping Culture and Power[M]//Lash S, Friedman J. Modernity and Identity, Oxford: Blackwell, 1992.

[234] HARVEY D. Towards reclaiming our cities:experiences and analysis[J]. Regenerating Cities, 1994, 6: 3-8.

[235] GEERTZ C. Local knowledge : further essays in interpretive anthropology[M]. New York : Basic Books, 1983.

[236] SASSEN S. Cities in a world economy[M]. 3rd ed. Thousand Oaks, Calif.: Pine Forge Press, 1994.

[237] BEAUREGARD R A, HAILA A. The Unavoidable Incompleteness of the City[J]. American Behavioral Scientist, 1997, 41(3): 327-341.

[238] DEBORD G. Comments on the society of the spectacle[M]. London: Verso, 1990.

[239] KOOLHAAS R. Delirious New York : a retroactive manifesto for Manhattan[M]. New York : Monacelli Press, 1994.

[240] 李翔宁 . 想象与真实：当代城市研究中价值视角的分析 [D]. 上海：同济大学，2003.

[241] ONG A. Flexible citizenship : the cultural logics of transnationality[M]. Durham, NC : Duke

University Press, 1999.

[242] MEYER H. City and Port : Urban Planning as A Cultural Venture in London, Barcelona, New York, and Rotterdam : Changing Relations between Public Urban Space and Large-Scale Infrastructure[M]. Utrecht: International Books, 1999.

[243] 崔宁 . 重大城市事件对城市空间结构的影响 [D]. 上海：同济大学，2007.

[244] GROOTE D P. A multidisciplinary analysis of world fairs (= expos) and their effects[J]. Tourism review of AIEST, 2005, 60(1): 12-19.

[245] 沪府发〔 2004 〕35 号 . 中国 2010 年上海世博会场址企事业单位拆迁补偿安置资金使用管理规定 [S]. 上海：上海市人民政府，2004.

[246] CHEN Y, TU Q, SU N. Shanghai's Huangpu Riverbank Redevelopment Beyond World Expo 2010 [C]. Utrecht/Delft, The Netherlands: AESOP, 2014.

[247] CHAN R C K, LI L. Entrepreneurial city and the restructuring of urban space in Shanghai Expo[J]. Urban Geography, 2017, 38(5): 666-686.

[248] 吴志强 . 上海世博会可持续规划设计 [M]. 北京：中国建筑工业出版社，2009.

[249] 上海市发展改革研究院 . 超越 GDP 的新理念新模式：中国 2010 年上海世博会后续效应研究 [M]. 上海：格致出版社，2011.

[250] 上海世博会事务协调局，上海市城乡建设和交通委员会 . 上海世博会规划 [M]. 上海：上海科学技术出版社，2010.

[251] BIE B O I E. Values and symbols [DB/OL]. https://www.bie-paris.org/site/en/. 2011.

[252] LARRY Y, CHUNLEI W, JOOHWAN S. Mega event and destination brand: 2010 Shanghai Expo[J]. International Journal of Event and Festival Management, 2012, 3(1): 46-65.

[253] SHORT J R. Globalization, cities and the Summer Olympics[J]. City, 2008, 12(3): 321-340.

[254] ROCHE M. Mega-Events and Modernity : Olympics and Expos in the Growth of Global Culture [M]. London: Routledge, 2000.

[255] ROCHE M. Mega-events, Time and Modernity: On Time Structures in Global Society[J]. Time & Society, 2003, 12(1): 99-126.

[256] JOHN H, WOLFRAM M. An Introduction to the Sociology of Sports Mega-Events[J]. The Sociological Review, 2006, 54(2_suppl): 1-24.

[257] ROCHE M. Mega-events and urban policy[J]. Annals of Tourism Research, 1994, 21(1): 1-19.

[258] MILLER H H. Mega-Events, Urban Boosterism and Growth Strategies: An Analysis of the Objectives and Legitimations of the Cape Town 2004 Olympic Bid[J]. International Journal of Urban and Regional Research, 2000, 24(2): 439-458.

[259] CHALKLEY B, ESSEX S. Urban Development through Hosting International Events: A

History of the Olympic Games[J]. Planning Perspectives, 1999, 14(4): 369-394.

[260] GOLD J R, GOLD J R, GOLD M M. Olympic Cities: Regeneration, City Rebranding and Changing Urban Agendas[J]. Geography Compass, 2008, 2(1): 300-318.

[261] GOLD J R, GOLD M M. Olympic cities : city agendas, planning, and the world's games, 1896—2020[M].3rd ed. London: Routledge, 2017.

[262] HARVEY D. The Urban Experience[M]. Baltimore: Johns Hopkins University Press, 1989.

[263] GRATTON C, HENRY I. Sport in the City : the Role of Sport in Economic and Social Regeneration[M]. London: Routledge, 2001.

[264] 上海市审计局. 中国2010年上海世博会跟踪审计结果公告[EB/OL]. 2011-09-29. http://sjj.sh.gov.cn/node379/20110929/0029-16090.html.

[265] SMITH A. Events and Urban Regeneration: The Strategic Use of Events to Revitalise Cities[M]. New York: Taylor & Francis, 2012.

[266] 孙施文. 世界博览会作为城市空间的解读 [J]. 城市规划汇刊，2004(05): 20-4+95.

[267] KNAPP W. The Rhine - Ruhr area in transformation: Towards a European metropolitan region? [J]. European Planning Studies, 1998, 6(4): 379-393.

[268] LOFTMAN P, NEVIN B. Prestige Projects and Urban Regeneration in the 1980s and 1990s: a review of benefits and limitations[J]. Planning Practice & Research, 1995, 10(3-4): 299-316.

[269] COCHRANE A, JONAS A. Reimagining Berlin: World City, National Capital or Ordinary Place? [J]. Eur Urban Reg Stud, 1999, 6(2): 145-164.

[270] WARD S V. Selling places : the marketing and promotion of towns and cities, 1850-2000[M]. London : E&FN Spon, 1998.

[271] COUCH C, FRASER C, PERCY S. Urban Regeneration in Europe[M]. Hoboken, New Jersey: Wiley, 2003.

[272] LEO J, LARRY D, GEOFFREY L, et al. Optimising the potential of mega - events: an overview [J]. International Journal of Event and Festival Management, 2010, 1(3): 220-237.

[273] HALL C M. Hallmark Tourist Events: Impacts, Management, and Planning[M]. UK: Belhaven Press, 1992.

[274] GETZ D. Event management & event tourism[M]. New York&Sydney&Tokyo: Cognizant Communication Corp., 1997.

[275] PRENTICE R, ANDERSEN V. Festival as creative destination[J]. Annals of Tourism Research, 2003, 30(1): 7-30.

[276] COUCH C, FRASER C, PERCY S. Urban Regeneration in Europe[M]. Hoboken, New Jersey: Wiley, 2003.

[277] HOLTON K D. Dressing for Success: Lisbon as European Cultural Capital[J]. The Journal

of American Folklore, 1998, 111(440): 173-196.

[278] DUFFY R. A trip too far : ecotourism, politics, and exploitation[M]. London: Earthscan Publications, 2002.

[279] MCGUIGAN J. NEO - LIBERALISM, CULTURE AND POLICY[J]. International Journal of Cultural Policy, 2005, 11(3): 229-241.

[280] HAMBLETON R. Urban government in the 1990's : lessons from the USA[M]. Bristol : University of Bristol, School for Advanced Urban Studies, 1990.

[281] BROWNILL S. Developing London's Docklands : another great planning disaster?[M]. London: Paul Chapman, 1990.

[282] SMYTH H. Marketing the city : the role of flagship developments in urban regeneration[M]. London : E&FN Spon, 1994.

[283] SANDERCOCK L. Towards cosmopolis : planning for multicultural cities[M]. New York : John Wiley, 1997.

[284] SUDJIC D. Between the Metropolitan and the Provincial[M]//NYSTROM L. City and Culture: cultural processes and urban sustainability. Kalmar, Sweden: The Swedish Urban Environment Council, 1999: 178-185.

[285] COALTER F. Leisure studies, leisure policy and social citizenship: the failure of welfare or the limits of welfare?[J]. Leisure Studies, 1998, 17(1): 21-36.

[286] BENJAMIN W. The arcades project[M].translated by Eiland H, McLaughlin K. Cambridge, Mass. & London, England : Belknap Press, 1999.

[287] ZUKIN S. Landscapes of power : from Detroit to Disney World[M]. Berkeley: University of California Press, 1991.

[288] GOLD J R. Cities of culture : Staging international festivals and the urban agenda, 1851-2000[M]. Aldershot, England: Ashgate, 2005.

[289] MANGAN J A. Prologue: Guarantees of Global Goodwill: Post-Olympic Legacies － Too Many Limping White Elephants?[J]. The International Journal of the History of Sport, 2008, 25(14): 1869-1883.

[290] SILK M. 'Bangsa Malaysia' : global sport, the city and the mediated refurbishment of local identities[J]. Media, Culture & Society, 2002, 24(6): 775-794.

[291] 陈雅薇 . 管理大型盛事策略：以鹿特丹为例 [J]. 国际城市规划，2011，26(3): 41-49.

[292] HALL M C. Urban entrepreneurship, corporate interests and sports mega - events: the thin policies of competitiveness within the hard outcomes of neoliberalism[J]. The Sociological Review, 2006, 54(2_suppl):59-70.

[293] 顾琨 . 浦江两岸重点地区工业遗产保护研究 [J]. 城市规划学刊，2013(z2): 148-153.

[294] 杨丹. 城市滨水区的文化规划：以"西岸文化走廊"的实践为例 [J]. 上海城市规划，2015(06): 111-115.

[295] 丁凡,伍江. 全球化背景下后工业城市水岸复兴机制研究: 以上海黄浦江西岸为例[J]. 现代城市研究，2018，(01):25-34.

[296] 刘燕菁. 基于空间生产理论的徐汇滨江"西岸文化走廊"构建研究 [D]. 上海：上海师范大学，2015.

[297] 易晓峰. 从地产导向到文化导向：1980 年代以来的英国城市更新方法 [J]. 城市规划，2009(06): 66-72.

[298] SAINZ M A. (Re)Building an Image for a City: Is A Landmark Enough? Bilbao and the Guggenheim Museum, 10 Years Together[J]. Journal of Applied Social Psychology, 2012, 42(1): 100-132.

[299] MILES M. Interruptions: Testing the rhetoric of culturally led urban development[J]. Urban Studies, 2005, 42(5-6): 889-911.

[300] CRAMPTON J W, ELDEN S. Space, Knowledge and Power: Foucault and Geography[M]. Surrey: Ashgate, 2007.

[301] 张松. 转型发展格局中的城市复兴规划探讨 [J]. 上海城市规划，2013(01): 5-12.

[302] MARSHALL R. Waterfronts in Post-Industrial Cities[M]. London & New York: Taylor & Francis, 2001.

[303] SHAW B. History at the water's edge[M]. London: Spon Press, 2001.

[304] EVANS G. Hard-branding the cultural city - from Prado to Prada[J]. International Journal of Urban and Regional Research, 2003, 27(2): 417-440.

[305] PADDISON R, MILES S. Introduction: The Rise and Rise of Culture-led Urban Regneration[M] //PADDISON R, MILES S. Culture-led Urban Regeneration. London: Routledge, 2009.

[306] AGNEW N, DEMAS M. Principles for the conservation of heritage sites in China[M]. Los Angeles, Calif. : Getty Conservation Institute, 2002.

[307] HALL P. Creative Cities and Economic Development[J]. Urban Studies, 2000, 37(4): 639-649.

[308] WARD D. Forget Paris and London, Newcastle is a creative city to match Kabul and Tijuana[N/OL].2002-09-02. https://www.theguardian.com/society/2002/sep/02/communities.arts1.

[309] GRIFFITHS R. Cultural strategies and new modes of urban intervention [J]. Cities, 1995, 12(4): 253-265.

[310] 王佐. 城市滨水开放空间的活力复兴及对我国的启示 [J]. 建筑学报，2007(07): 15-17.

[311] HARVEY D. Rebel cities : from the right to the city to the urban revolution[M]. London& New York: Verso, 2013.

[312] WOOD P, LANDRY C. The intercultural city : planning for diversity advantage[M]. London: Earthscan, 2008.

[313] FLORIDA R L. Cities and the creative class[M]. New York :Routledge, 2005.

[314] COHENDET P, SIMON L, SOLE F, et al. Creative Economy: The challenge of assessing the creative economy towards informed policy-making, ONU Report 2008[J]. Management international, 2009,(13):159.

[315] PECK J. Struggling with the Creative Class[J]. International Journal of Urban and Regional Research, 2005, 29(4): 740-770.

[316] FLORIDA R L. The rise of the creative class : revisited[M]. New York : Basic Books, 2012.

[317] PUNTER J. Urban Design and the British Urban Renaissance[M]. London : Taylor & Francis Group, 2009.

[318] HARVEY D. Spaces of Neoliberalization: Towards a Theory of Uneven Geographical Development[M]. Wiesbaden: Franz Steiner Verlag, 2005.

[319] FLORIDA R L. The rise of the creative class: and how its transforming work, leisure, community and everyday life[M]. New York: Basic Books, 2002.

[320] HANNIGAN J. Symposium on branding, the entertainment economy and urban place building: Introduction[J]. International Journal of Urban and Regional Research, 2003, 27(2): 352-360.

[321] OATLEY N. Cities, Economic Competition and Urban Policy[M]. London: SAGE Publications, 1998.

[322] ZUKIN S. Naked city : the death and life of authentic urban places[M]. Oxford : Oxford University Press, 2010.

[323] HALL P. Regeneration Policies for Peripheral Housing Estates: Inward-and Outward-looking Approaches[J]. Urban Studies, 1997, 34(5-6): 873-890.

[324] EVANS G. Measure for measure: Evaluating the evidence of culture's contribution to regeneration[J]. Urban Studies, 2005, 42(5-6): 959-983.

[325] HARVEY D. Spaces of Hope[M]. Berkeley: University of California Press, 2000.

[326] HANNIGAN J. Fantasy city : pleasure and profit in the postmodern metropolis[M]. London: Routledge, 1998.

[327] FISHER M, OWEN U. Whose cities?[M]. London : Penguin Books, 1991.

[328] SHARP J, POLLOCK V, PADDISON R. Just Art for a Just City: Public Art and Social Inclusion in Urban Regeneration[J]. Urban Studies, 2005, 42(5-6): 1001-1023.

[329] SANDERCOCK L. Towards cosmopolis:planning for multicultural cities[M]. Chichester: John Wiley, 1998.

[330] QUINN B. Arts Festivals and the City[J]. Urban Studies, 2005, 42(5-6): 927-943.

[331] SUDJIC D. The 100 mile city[M]. Oregon: Harvest House Publishers, 1993.

[332] TEEDON P. Designing a Place Called Bankside: On Defining an Unknown Space in London[J]. European Planning Studies, 2001, 9(4): 459-481.

[333] DUNLAP D W. New Melting Pot of Museums Downtown; A Cultural Hub Takes Shape in Manhattan's Oldest Quarter[N/OL]. The New York Times, 2001-08-05. https://www.nytimes.com/2001/08/05/nyregion/new-melting-pot-museums-downtown-cultural-hub-takes-shape-manhattan-s-oldest.html.

[334] FRIEDMANN J. The World City Hypothesis[J].Development and Change, 1986,17(01):69-83.

[335] 丁凡，伍江. 城市更新背景下的水岸再生及其意义辨析 [J]. 探索与争鸣，2020(07): 98-106+59.

[336] FRIEDMANN J. China's urban transition[M]. Minneapolis, Minn.:University of Minnesota Press, 2005.

[337] DREYER J. Shanghai and the 2010 Expo Staging the City[M]//BRACKEN G. Aspects of Urbanization in China: Shanghai,Hong Kong, Guangzhou. Amsterdam : Amsterdam University Press, 2012.

[338] HARVEY D. Social justice and the city[M]. London: Edward Arnold, 1973.

[339] FOUCAULT M, RABINOW P, ROSE N S. The essential Foucault : selections from essential works of Foucault, 1954-1984[M]// New York : New Press, 2003.

[340] SOJA E W. Seeking spatial justice[M]. Minneapolis : University of Minnesota Press, 2010.

[341] LEFEBVRE H. The Production of Space[M]. Cambridge: Wiley-Blackwell, 1992.

后记 POSTSCRIPT

　　黄浦江的水岸发展是一个值得持续性探究的课题，在新的时期、新的语境下也将会有新的内涵，因此笔者对于黄浦江两岸的研究在未来会一直持续。

　　本书是在笔者博士论文的基础上形成并发展的。首先衷心感谢我的博士导师伍江教授，同时也是本书的重要合作者。在博士求学期间伍江老师对于我学术方面的指导为我之后的学术之路奠定了扎实的基础。伍江老师在上海水岸发展方面具有丰富的经验。在其任上海市规划局局长期间曾经亲自主持过上海外滩改造等类型的滨水区更新的案例，其团队《黄浦江两岸空间发展与功能更新对策建议》获第十二届上海市决策咨询研究成果一等奖（本人排名第六）。同时伍江老师在上海城市有机更新与历史文化遗产保存方面具有丰富的理论与实践经验，其团队最早进行了上海历史文化风貌区保护规划编制与管理的工作，在全国范围内具有示范的意义。

　　本书的写作受到了许多人的帮助，笔者读博期间对于徐汇滨江（今西岸）的研究可以视作此著作形成的起点，期间受到了原西岸集团副总经理陈超的大力支持。博士期间赴美国哥伦比亚大学进行联合培养的校外合作导师肯尼斯·弗兰普顿（Kenneth Frampton），对于笔者博士论文文化批判性研究思路的形成具有重要的影响。

　　本书的写作过程跨越了笔者在同济大学城乡规划学博士后流动站工作阶段的研究过程，感谢笔者的博士后合作导师同济大学建筑与城市规划学院杨贵庆教授，在与其合作期间所获得的全国"博士后创新人才支持计划"、上海市"超级博士后"激励计划等都是对于此研究主题的扩展和延伸，同时也完善了此书的成型。

　　同时要感谢同济大学艺术与传媒学院李麟学院长、张艳丽书记对于本人科研工作的支持。感谢同济大学建筑与城市规划学院华霞虹教授等人对本书提出的宝贵意见。感谢华东院姜海纳、阳旭，现西岸集团副总经理叶可央、西岸规划部经理康晓红对此书完成提供的帮助。也特别感谢同济大学出版社胡毅主任在本书出版过程中提供的帮助与支持。

　　最后，感谢我的家人对我一如既往的支持。

2021 年 11 月 5 日

于上海